中央级公益性科研院所基本科研业务费专项基金资助

畜禽养殖业规划环境影响评价方法与实践

程　波　主编

中国农业出版社

编 写 人 员

主　　编	程　波			
副 主 编	杜会英	李玉明	赵　蕾	
编写人员	程　波	杜会英	李玉明	赵　蕾
	曹洪涛	郑　芳	陈润甲	张　爱
	米长虹	赵　静	常玉海	张　泽
	成卫民	陈　凌	袁志华	夏　维
	董　健	王甜甜	沈志强	刘卫东
编写单位	农业部环境保护科研监测所			
	山东省滨州畜牧兽医研究院			

随着农业产业结构的调整，畜禽养殖业得到了快速发展，我国已成为世界上畜禽养殖业大国。畜禽养殖业在使农业增效和农民增收的同时，大量增加的畜禽粪便和污水带来了许多环境问题，尤其是畜禽规模化养殖得到快速发展后，给环境造成更大的压力。畜禽粪便和污水中的污染物等作为农业面源污染的主要组成部分已经成为我国普遍关注的问题，畜禽养殖业造成的环境污染问题不但制约着社会经济事业的发展，同时也制约着畜禽业自身的可持续发展。

根本解决畜禽发展带来的环境问题，促进我国畜禽养殖业的可持续发展，就需要从制订规划阶段即决策源头控制对环境的影响，建立与环境协调发展的机制，即对畜禽养殖业发展进行规划层面的环境评价，将畜禽养殖业发展产生的环境污染问题在政策制定，特别是规划阶段，进行预测并提出防治措施，从源头上进行预防并加以控制，使之达到最小化、减量化的目的。通过实施规划环境评价，实现畜禽养殖业综合决策的制度化和规范化，确保我国畜禽养殖业实现可持续发展。

本书针对我国已有的畜禽养殖业规划的特征，运用生态学、环境科学、可持续发展等相关理论，结合我国畜禽养殖业现状，剖析畜禽养殖业污染物的排放特征及对环境的影响，在畜禽养殖业规划环境评价方法上进行探索，丰富畜禽养殖业规划环境评价的理论和方法，建立比较系统、全面的畜禽养殖业规划环境评价的理论和方法。

本书以山东省某县畜禽养殖业调查资料、现状实测数据为研究依据，研究对象为《某县畜牧业"十一五"发展规划》，研究过程中参考了其他行业规划环境影响评价的相关案例。与其他行业规划研究相比，畜禽养殖业规划层面上的环境评价工作开展时间不长，系统性研究未见公开报道。

本研究在某县实地调研过程中，得到山东省滨州畜牧兽医研究院科技处李峰副研究员、山东省畜牧环境监测所李祥明研究员、山东省滨州市环境保护科学技术研究所吴守江工程师、山东省某县崔连民副县长、山东省某县畜牧局王延斌研究员、山东省某县畜牧局张含侠高级畜牧师的大力支持和关怀，在此一并致谢。

限于编写者水平，缺点和疏漏在所难免，敬请有关专家和广大读者批评指正，提出宝贵意见和建议。

编　者

2011 年 6 月

目　　录

第一章 绪 论

第一节 规划环境评价研究现状

一、国外规划环境评价研究进展

（一）理论研究进展

战略环境评价的概念最初由英国的 Lee、Wood 和 Walsh 等几位学者在 1990 年提出。英国皇家文书局编写了《政策评价与环境》（*Policy Appraisal and the Environment*），介绍了战略环境评价的技术方法，其中包括信息收集方法、资料处理方法、政策方案的费用效益分析方法等实用技术。1992 年 Therivel 等人的研究具有里程意义，他们在《战略环境评价》（*Strategic Enviromnent Assessment*）一书中正式给出了战略环境评价的定义，将战略环境评价看成是环境评价在政策、规划和计划（policies, plans and programs，PPPs）层次上的应用。至此，战略环境评价有了明确的研究范畴，成为有别于项目环境评价、区域开发环境评价的一个新兴领域。1992 年 9 月出版的《项目评估期刊》第 7 卷第 3 期以特刊的形式回顾了当时在美国、澳大利亚、新西兰、荷兰等国战略环境评价的状况，以及战略环境评价与土地利用规划、水环境和交通部门的关系，在对该刊的评述中 Lee 和 Walsh 针对项目水平的环境评价的缺陷，分析了战略环境评价越来越受关注的原因。

Sadler 和 Verheem 根据一些主要国家和国际性机构的法规性文件以及 52 个实例，对战略环境评价的状况和效果进行评估。Maria 指出战略环境评价的作用应体现在其对战略决策的影响，而提高战略环境评价有效性的简单而有效的途径就是将其纳入现行的政策和规划决策过程的概念框架，这一概念框架的核心内容是将战略环境评价贯彻于政策和规划制订与实施的整个过程。Hauket 研究战略环境评价的优势、法律基础、应进行评价的规划筛选、影响识别，提出建立综合战略环境评价系统，以便为战略环境评价的实施提供保障。Rosa 等研究战略环境评价实施必要性、概念、对可持续发展的作用、实施程序，强调指出战略环境评价指标的来源包括项目环境评价指标、决策相关目标指标和可持续发展评价指标。2000 年 Partidari 和 Clark 所编的论文集也对战略环境评价的理论和实践进行了评述。

随着战略环境评价理论体系研究的系统化，对专项规划的环境评价越来越受到关注。1999 年 Thomas 对西英格兰北部、荷兰和柏林的 36 项运输基础设施相关政策、规划和计划环境评价中环境与社会经济评价进行了对比分析，发现荷兰交通战略环境评价中的社会经济评价的比重大于环境评价，而其他两个地区正相反，德国实例中定量评价的比例要大于英格兰，从而得出结论：战略环境评价中社会经济评价和环境评价重视程度的差异取决于战略的类型和实施的地区、国家。同年，Dolores Hedo 等研究战略环境评价在西班牙卡斯蒂利亚地区水利和灌溉规划中的应用，指出战略环境评价的实施有助于提高对环境、自然资源和重要发展领域间相互关系的认识和理解，这不仅可以避免目标的冲突，而且提供体现可持续发展目标的决策选择，并以经济、社会和环境系统为对象，研究了评价指标的筛选。2002 年 Fischer 对交通和土地利用规划的战略环境评价进行了系统分析，他提出战略环境评价应分成方法学不同的三种类型，即政策、计划和规划战略环境评价，他认为交通和土地利用规划方面的战略环境评价是经验最多的，通过对英国、荷兰和德国的 80 个实例的比较，他不仅分析了规划环境评价的程序、方法和技术，还对内在的政治和规划体系进行了分析。

近期战略环境评价的研究主要集中在如何提高其准确性和效率方面。在方法上，Dimitri Devuyst 等研究佛兰德斯地区公众在战略环境评价方面的关注内容，指出适应性是战略环境评价方法学的必备特征，可将战略环境评价引入规划过程或独立于现行规划过程。Partidario 认为需要转变评价内容和评价方法。Goran Finnveden 等研究了风险评价、生命周期评价等多种方法在战略环境评价，特别是能源规划环境评价中的应用，指出能源规划环境评价中生态系统和景观影响分析方法相对于污染物排放分析方法更难寻找，影响分析方法选择的关键因素包括系统边界的定义、环境的数量和类型、定量化程度、结果的聚合程度和评价者对信息类型的偏好；规划环境评价的作用对分析方法的选择同样具有影响；另一个影响因素是评价者的观点和假设。Therivel 2004 年推荐了若干适用于战略环境评价的技术方法，这些方法大部分是定性或半定量的，具有灵活性强和可操作性强的特点，应用这些方法得到的评价结果能够影响决策。Holger Dalkmann 等同年提出了分析式方法（Analytical strategic environmental assessment，AN 战略环境评价），传统环境定量预测的方法常由于过程的不透明性、信息的不确定性而导致评价结果的风险性，而 AN 战略环境评价方法可以在决策过程中充分考虑环境因素，是提高决策和环境评价的有效方法。2007 年 Peter N. Duinker 和 Lorne A. Greig 研究了幕景分析方法在战略环境评价中的应用，认为应当鼓励更多的评价者熟悉幕景分析法并广泛使用，以提高环境评价在社会可持续发展中发挥的作用。Alison Donnelly 等认为在战略环境评价中借用项目环境评价的指标体系设置方法不能充分发挥战略环境评价的作用，应当根据战略环境评价的特点构建特殊的指标体系，并提出了战略环境评价环境指标的筛选标准。此项研究为提高战略环境评价的准确性提供了基础。

在提高环境评价的效率方面，对战略环境评价的准确定位成为提高其效率的基础。更多的研究认为战略环境评价是一个过程，而不是一个产品，与决策过程的分离是造成战略环境评价实施效果差的一个主要因素。Elizabeth 等提出加强评价和决策过程的集成性（integrated）能够取得良好的效果，并进行实证研究。Francois Retief 通过对南非相关法律条文已实施实例对战略环境评价的实施效果进行分析，在国际影响评估学会（IAIA）的基础上建立了战略环境评价绩效评价方法。此项研究补充了战略环境评价的质量管控方法，从而完善战略环境评价的理论体系。

Bram 研究加拿大战略环境评价实施的经验，指出加强战略环境评价过程实用性的原则和特性，并强调在保证战略环境评价的实用性和有效性前提下，应注意加强这些原则和特性的可操作性；为指导战略环境评价在决策各个层次的应用，应建立起具有多种方法和技术支持的结构化、系统化的评价框架；战略环境评价在实现可持续发展目标方面的有效性取决于结构化和系统化方法学评价框架的采用，并尝试在加拿大能源政策战略环境评价中建立和应用该评价框架。Benjamin Underwood 等指出欧洲议会通过的战略环境评价导则目的在于在特定制定和实施之前即考虑其环境后果，并对美国制定和实施战略环境评价导则的可行性和必要性进行了探讨。Nathalie Risse 等研究欧盟战略环境评价导则在其成员国实施的自由度问题，指出战略环境评价的有效性取决于成员国对战略环境评价的选择，导则对战略环境评价内容的规定为各成员国根据自身状况进行调整留有足够余地，各成员国在实施方面既有共同点，又存在国别差异；导则为在各成员国内建立起综合性战略环境评价系统起到重要的促进作用，使战略环境评价成为提高规划和计划环境可行性的重要工作。

Clive Briffett 等研究战略环境评价在部分亚洲国家实施的现状及趋势，指出尽管战略环境评价的形式和范围会因不同的国家而有所差异，但其在亚洲地区的发展潜力是巨大的，将对环境问题的关注引入到战略层次必将有利于亚洲地区自然和城市环境的改善。

（二）战略环境评价制度建立及实践经历

环境评价最初关注的重点是项目建成后可能产生的污染物对人体健康和饮食卫生安全的影响，后来评价的环境要素逐渐扩展到对非污染生态环境，即生物多样性和自然环境的破坏等，由于世界上一些国家逐步认识到单纯对建设项目进行环境评价已经无法适应社会发展和可持续地利用自然资源的需要。同建设项目相比，政府或者其他机构组织生产、生活、经济、社会活动的政策、决策和规划对环境的影响范围更广，历时更久，影响更复杂，负面影响发生之后更难处理。为此，一些国家积极开展以政策、决策和规划为评价对象的"战略环境评价"，同时评价也从单个建设项目这一微观层次延伸到区域开发这一中观层次和政策、计划、规划和法案等宏观战略层次，评价领域、评价范围、评价深度、评价层次不断扩大。美国、荷兰、加拿大、英国、澳大利亚、新西兰、丹麦、芬兰、挪威、德国、奥地利、俄罗斯等国都通过立法要求对计划、政策、规划等进行环境评价。目前，已经有 100 多个国家建立了环境评价制度并开展了环境评价工作。

美国是首先在法律上明确要求对规划、计划、政策、法案、战略等在提出之时进行环境评价的国家。美国总统环境质量委员会 1978 年颁布的《国家环境政策法实施程序的条例》规定联邦的行动有四类：官方政策、正式规划、行政计划、具体项目。美国《国家环境政策法》第二条第二款规定要将环境评价应用于对环境质量具有重要影响的每项立法建议和其他重大联邦行动，包括任何由联邦机构提供金融、财政补助或管理的活动。《国家环境政策法》第 102 条还规定，凡对人类环境品质有重大影响的法案或草案，以及联邦开发行为的提案或报告，均应提出环境说明书，要求美国联邦政府各机构在计划、方案、政策制定之前，要提出环境报告，要对计划造成的环境影响，做详细评价。美国在《国家环境政策法》中对战略环境评价的这一规定，标志着战略环境评价框架和范围已经在美国以法律的形式确定下来。为此，一些联邦部门建立了各自的环境政策法规划条例。同时还鼓励各机构进行政策环境影响评价、规划环境影响评价，并以此为基础进行单个项目环境影响评价，如 1970—1992 年间林业局准备了470 份左右的规划环境影响评价，1979—1989 年间环保局准备了320 份左右的规划环境影响评价，这促进了战略环境评价在美国联邦级政策上的应用。美国环境保护局、能源部、住房和城市发展部、交通部及林业署等都成为战略环境评价的主管部门或主要完成者。美国 17 个州以法律和行政命令的方式对战略环境评价进行规定，其中加利福尼亚、纽约和华盛顿按照《国家环境政策法》的要求对规划开展环境评价已超过 20 多年时间，加利福尼亚 1986 年颁布的《加利福尼亚环境质量法案》及其补充中明确规定需推行战略环境评价，自此以后，加利福尼亚每年制定 130份以上的规划环境影响评价。

　　欧盟各国无论是政府还是公众都有较强的环境意识，各国都有实施战略环境评价的报告，积累了丰富的经验。1992 年，《第五次行动计划》明确指出各成员国在执行战略环境评价方面寻求统一，随之，修改后的《关于战略环境影响评价的指令》确定对战略环境影响评价负责的四个团体：领导机构（PPPs 的制定部门）、指定的环境机构、公众及可能受影响的成员国。具体要求，由 PPPs 的制定部门提供详细的战略环境评价报告；公众、环保部门、专家对战略环境评价报告进行讨论和协商；决策部门在通过该战略时要求考虑战略环境评价的结论；在战略被通过或采纳后，应把战略环境评价的内容中所考虑的环境信息以及最终的综合决策中是如何利用信息告知环境保护部门和公众。1996 年欧盟颁布了《欧盟关于特定计划与规划环境评价指令建议》，其中指出，环境评价是在计划和规划中综合考虑环境因素的重要手段，它可以确保有关当局在采纳有关计划和规划之前考虑这些计划和规划实施时可能会产生的环境影响，成员国应在其制定的计划和规划中开展环境评价。

荷兰是欧盟国家中环境管理最严格的国家之一，有四个政府部门对其环境政策负责，即住房、空间规划和环境部，运输与公共工程部，农业、渔业和自然保护部，经济事务部，其中住房、空间规划和环境部负责协调。荷兰在 1987 年通过的《环境保护法》明确要求开展战略环境评价，要求对废弃物管理、饮水供应、能源与电力供应、土地利用规划等都进行环境影响评价。1989 年，荷兰修改《国家环境政策规划》，要求对所有可能引起环境变化的政策、规划和计划进行战略环境评价。1995 年，荷兰发展组织和发展与环境咨询研究机构建立了战略环境分析方法。

英国政府接受了战略环境评价思想，将之应用于各级政府决策中。1990 年通过制度改革，有效地将"对环境问题的特别关注"与所有政策领域结合起来，政府每个部门都有被称为"绿色大臣"的特殊官员负责考虑部门政策和支出项目的环境问题。1991 年出版了《政策评价与环境》一书，来帮助行政机构处理政策制定和分析中的环境问题。该书中的政策评价的程序与战略环境评价相似，并且详细阐述了战略环境评价的对象筛选、内容、环境受体的识别以及战略环境评价的费用、效益分析方法。1992 年又出版《政策规划指南》一书，以政府正式文件的形式第一次推荐《政策评价与环境》应用到发展计划、政策议案上，并要求地方计划部门将地方计划进行环境评价。与此同时，英国也出现类似于战略环境评价的实践，如 1992 年对于三个水管理局确定的为满足特定地区未来 30 年水需求最佳途径的环境影响进行评价。英国针对国家政策和地方发展计划分别采取不同的方法。国家政策的战略环境评价主要是通过经济评价的扩展来实现的，而发展计划的环境评价则基于规划和项目环境影响评价的原则，更多考虑使用理性方法研究计划和决策可能产生的综合生态、经济、社会问题。同年生效的新西兰《资源管理法》要求地方政府采纳的政策、计划议案必须通过战略环境评价后方可生效，并将战略环境评价与计划、决策、监测相结合作为资源管理的系统方法。

欧盟国家实施战略环境评价的层次有差别。爱尔兰对其北大西洋近海海域的评价、荷兰国家环境政策计划、英国实施的绿色政府计划等均在国家级的政策中加入战略环境评价内容。瑞典、法国、英国、西班牙等国家在区域范围的供水、公共建设、可持续发展评价、风力发电等项目实施了战略环境评价。德国埃兰根和奥地利魏茨的土地利用在地方一级水平上实施战略环境评价。

加拿大在1990年以内阁决议的形式要求所有联邦部门对其提交内阁审查的、可能产生环境影响的政策与规划议案实施环境评价。1993年，联邦环境评价审查局为战略环境评价的具体实施批准颁布了《政策和规划建议的环境评价程序》，其中规定，提交内阁审议的所有联邦政策和规划提案都需要经过法定的环境评价程序。由联邦政府部门向内阁提交的有关政策和规划建议，应作一份环境公开说明，其目的是使环境因素能够在政策、规划的早期论证阶段，与经济、社会、文化等因素一样，得到同等程度的考虑，使环境评价结论成为支持决策的依据。1995年颁布的《加拿大环境评价法》规定，凡是在加拿大境内涉及联邦土地或资助的项目，无论是由私营公司还是由省或地区承担，联邦政府都有责任对其进行环境评价。除此以外，规定环境评价对象还包括联邦政府的一些与政策有关的规定，以及一些在国外进行的项目。另外，对什么项目需要评价，什么项目不需要，均以法规的形式加以规定。1995—1999年，约有2.5万个联邦项目进行了战略环境评价。1999年加拿大又颁布《政策、规划和计划建议的环境评价内阁指令》，要求对所有提交内阁或各部部长批准或在实施过程中可能产生重大环境影响（包括有利和不利）的政策、规划和计划建议进行评价。

俄罗斯于1994年公布《俄罗斯联邦环境评价条例》，将环境评价的范围确定为五大类，即部门和地区社会经济发展构想、规划（包括投资规划）和计划，自然资源综合利用和保护纲要，城市建设文件（城市总体规划、详细规划方案和纲要等），研制新技术、新工艺、新材料和新物质的文件，建设投资的前期设计方案论证文件，现有经济和其他项目及联合体的新建、改建、扩建和技术改造的技术经济论证文件及设计方案。

日本1993年在《环境基本法》第19条中针对港湾计划的环境影响评价作过有关规定，即对港湾的设置、填土方项目的计划阶段进行战略环境评价。此外土地利用计划已纳入了国家级制度化的战略环境评价中去。但是，这些战略环境评价仅仅在东京和埼玉县有所实施，就全国而言目前还没有法制化，或者说正在进行法制化的研讨阶段。

南非2000年2月发布《南非战略环境评价》，其主要内容为规划和计划的战略环境评价指南，并开展了开普敦申办2004年奥运会战略环境评价等一系列实践活动。

二、国内规划环境评价的研究进展

（一）规划环境评价立法

环境评价作为我国一项重要的环境管理制度，自1979年的《中华人民共和国环境保护法（试行）》将其确定为法律制度以来，在贯彻"预防为主"的环境方针，防治新的环境污染和生态破坏方面发挥了重要作用。

2003年9月1日起实施的《中华人民共和国环境影响评价法》首次提出对规划进行环境评价，将环境评价制度由微观层次的建设项目环境评价延伸到宏观的规划环境评价。其中第七条规定："国务院有关部门、设区的市级以上地方人民政府及其有关部门，对其组织编制的土地利用的有关规划，区域、流域、海域的建设、开发利用规划，应当在规划编制过程中组织进行环境评价，编写该规划有关环境的篇章或者说明。"自此，规划环境评价在我国作为一项制度被确定下来。

2009 年 10 月 1 日，国务院出台的《规划环境影响评价条例》正式开始实施，"条例"在"环境影响评价法"的框架下，进一步明确了规划环境评价的实施主体、相关各方的法律责任、权利和义务。"条例"是在规划环境评价制度执行不力的背景下出台的，其颁布实施标志着国家对规划环境评价的要求将更加严格，对规划环境评价的执法力度将进一步加强。对于各类规划，如果编制机关组织未进行环境评价，规划审批部门不得予以审批，否则将负法律责任。

（二）规划环境评价理论研究

1992 年后，我国的规划环境评价进入快速发展时期。我国学者也在规划环境评价研究方面进行了大量工作，对规划环境评价理论与方法进行了深入研究。有关探讨规划环境评价理论的文章逐年增多，并且已成为当前环境科学研究的热点问题之一。

彭应登等（1997）阐述了战略环境评价与项目环境评价的关系，提出要借鉴国外战略环境评价的方法来研究区域开发环境评价，并指出区域开发环境评价应该成为决策手段和规划手段，而累积影响评价应成为核心内容。

李巍（1997）从理论上研究战略环境评价的方法学、实用程序、专家系统和公众参与等内容，对综合经济政策、部门经济政策和区域经济政策或发展战略等重大经济政策环境影响评价进行研究，2000 年中国汽车产业政策进行重大经济政策战略环境评价研究，指出所谓概要性战略环境评价是针对较高层次战略环境评价，特别是政策环境评价所具有的评价范围广、时间跨度大、对象复杂且不确定性程度较高等特点，在全面分析受评政策（或战略）环境影响的基础上，筛选出比较重要的环境影响因子，进行尽可能深入的分析和评价，并创造性地提出各种政策替代方案和环境管理对策。结合西部大开发进行了概要性战略环境评价大纲研究，对评价目标、内容、程序进行探讨，提出在全球、国家、大区域、省区尺度上筛选评价指标。

包存宽、尚金城等（2001）在战略环境评价理论与应用方面进行大量创新性研究。对战略环境评价系统及其工作程序进行研究，提出战略环境评价系统由评价者、评价对象、评价目的、评价标准和评价方法五个要素组成，明确战略环境评价工作程序包括确定评价对象、制定评价方案、评价实施和编写战略环境评价报告书，指出战略环境评价指标体系包括环境指标、经济指标、社会指标和资源指标等四个子层次，每个子层次的指标又可依据结构、功能、效果划分为更小的指标；分析战略环境评价中公众参与实施的关键环节，即公众参与者界定，公众参与内容，公众参与时机，公众参与方式及公众参与反馈信息处理，并阐述了战略环境评价中公众参与的局限性问题；系统分析与战略环境评价相关的可持续发展理论与方法，并认为可持续发展理论方法是开展战略环境评价研究与实施的理论基础和指导思想，将可持续发展评价方法尝试性应用于长春经济技术开发区战略环境影响综合评价中；系统研究战略环境评价中的战略替代方案及环境影响减缓措施问题，提出战略替代方案特点、制定原则、替代方案对比内容及方法，分析并提出 5 种类型的战略环境影响减缓措施及其优先顺序；对环境影响因子识别、影响范围识别和时间跨度识别等 3 个方面的战略环境影响识别内容进行研究，并对战略环境影响识别依据进行分析，给出可应用于战略环境评价的识别方法，同时，以上海市能源专项规划为例，进行战略环境影响因子与影响范围的识别，从全球可持续性因子、自然资源因子和环境质量因子三方面选择指标，建立上海能源专项规划战略环境评价指标体系；在分析战略环境评价指标体系建立及分类的基础上，提出指标筛选原则、筛选过程及权重确定方法，指出战略环境评价指标可分为环境行动指标、环境压力指标和环境状态指标，并以中国能源战略环境评价为例确定了大气、气候、海洋、水资源、土地资源、社会和风险灾害七个类别的 22 个评价因子；另外，还对战略环境评价中战略筛选过程和前后对比分析法在战略环境评价中的应用等内容进行研究。

尚金城、张妍等（2001）研究战略环境评价的系统分析、铁路工程的战略环境评价，指出战略环境评价是促进铁路基础设施建设与环境协调发展的有效工具，是实现铁路工程可持续发展的关键环节。在对铁路工程决策进行生命过程及社会经济与环境效益分析的基础上，论述对铁路工程进行战略环境评价的必要性，以青藏铁路为例，在探讨青藏铁路施工期和运营期环境影响的基础上，建立战略环境评价的影响矩阵，明确青藏铁路工程施工期和运营期对生态环境、大气和水的直接和次生影响，并据此提出减缓环境影响的调控措施。车秀珍、尚金城等（2001，2002）研究生态学理论在城市化进程战略环境评价中的应用，提出在城市化进程中，战略环境评价应充分考虑环境可持续性、社会可持续性、经济可持续性、土地可持续性。

徐鹤等（2000，2001）研究区域环境影响评价、战略环境评价与可持续发展等内容。提出战略环境评价的评价程序包括目标的确定、方案的优选、划定范围及建立指标体系、影响预测与评估和减缓措施及战略实施监控。

吴晓青、洪尚群等（2001）研究战略环境影响评价中的分析框架，从政策—需求/供给—环境，政策—开发项目—环境、政策—行动方式（生产方式）—环境等三条途径，深刻揭示政策作用于环境的机理和途径，为快速准确进行战略环境影响评价奠定政策分析理论、方法和手段。洪尚群等对政策失误环境危害行为的原因和特点、政策环境评价产生背景和功能进行深刻透彻分析，根据政策与环境相互作用关系，将政策分为以直接作用于环境为主的政策、以间接作用于环境为主的政策和直接作用及间接作用兼具并重的政策，对每类政策战略环境影响评价原理和方法予以深刻探讨。运用众多典型的实例分析同类政策组合、不同类间政策组合的战略环境影响评价的方法和原理。

韦洪莲等（2001）分析西部开发政策体系，剖析该战略产生的环境影响的特征，指出开展政策环境影响评价的必要性和可行性，提出政策环境影响评价所需要的度量指标包括净环境效益、环境友好度，探讨面向生态的政策环境评价的工作原则、技术程序和西部开发政策环境影响的控制方法。

彭理通（2001）指出战略环境评价指标体系涉及社会科学、自然科学及生态科学等多门学科，它应是一个具有综合性，结构合理，表述科学，具有可操作性的指标体系，并按经济总量、大气污染宏观控制、废水污染宏观控制、固体废物宏观控制、环境质量宏观控制和经济生态系统宏观控制指标等类别列出战略环境评价指标体系。

陈绍娟（2001）对城镇建设规划环境影响评价的主要内容和方法进行研究，指出城镇建设规划环境影响评价应以人为本，优先考虑城镇生态环境质量，从"一控双达标"原则出发，当前应对产业结构和规模、建设布局、城镇污染综合防治工程等进行重点评价，与一般工业建设项目环境影响评价相比较，城镇规划环境影响评价采用区域环境影响评价的方法，除利用一般建设项目环境影响评价中成熟的程序和方法外，还应通过专业分析和多学科综合分析，对城镇环境支持和制约因素、城镇综合环境保护功能进行评价。

毛文永（2001）以岷江上游为例，研究水电开发规划与流域环境问题，提出对都江堰美学、经济、文化价值的再认识和对其进行保护的基本要求，讨论紫坪铺水库工程与都江堰保护的战略抉择问题，并论述流域开发规划环境影响评价的重要意义。

刘岩等（2002）研究厦门岛东海岸区开发规划战略环境评价的基本原则与方法，提出在海岸带开发规划的战略环境评价中应遵循资源定位、以海定陆原则、长远目标原则、预防性原则及公众参与原则，重点介绍了评价中确定区域发展战略目标的方法——资源定位法，替代方案形成方法——参与式方法，影响的预测与评价方法——多准则评价法和贯穿于评价全过程的公众参与的模式与方法，并对战略环境评价的有效性进行分析。

郝明家等（2002）以城市规划为对象，论述对城市规划进行战略环境评价的目的和意义，简述国内外战略环境评价的进展情况，探讨城市规划战略环境评价的基本内容、评价程序与技术方法，指出评价指标筛选应围绕战略环境评价的评价因子。

马蔚纯等（2002）研究战略环境评价的作用、评价因素、基本程序和技术方法，指出战略环境评价因素应包括土地分类与土地利用、空气质量、地表水和地下水、生物多样性、噪声、振动、原材料和固体废物等内容，并研究高密度城市道路交通噪声的典型分布，并应用于香港新界西北地区道路交通战略环境评价中。

郭红连等（2003）提出建立战略环境评价指标体系的驱使力—压力—状态—影响—响应框架，并以我国平原型大都市开展规划层次的环境影响评价为背景，按经济发展、社会发展、大气环境、水环境、噪声、生态保护和固体废物等类别分别建立了城市总体规划环境影响评价的可选指标集。

陆军等（2006）根据规划环境评价的特点，得出规划环境评价的指标体系应包括自然环境、生态环境、资源利用、能源利用和社会经济5大体系，并列举当前适用于规划环境评价的技术方法。

董博（2007）在规划环境影响评价程序步骤上，提出将规划的决策因子与所识别的主要环境议题联系起来，对规划环境影响进行划分的技术思路，设计了具体的程序步骤。

王金波（2008）通过系统分析建立规划环境影响评价指标体系的基本理论，包括指标的特征、类型、构建的指导思想、原则和构建模式，以上海市城市快速轨道交通规划环境影响评价、中国 2010 年上海世博会规划区总体规划环境影响评价和上海市固体废弃物处置发展规划环境影响评价为例，以基本指标模式的框架（生态环境—自然环境—资源与能源利用—社会环境—经济环境）分别为每个实例建立一套专项规划环境影响评价指标体系。

刘艳中（2008）针对生态足迹模型自身不足以及基于"世界公顷"的传统生态足迹模型在土地利用总体规划环境影响评价研究中存在的计算精度较低，政策启示失真，假设太多的不足，建立了基于"地方公顷"的耕地生产性生态足迹模型。模型以耕地这个单一类型土地的规划目标为研究对象，所需假设条件较少，可剔除均衡因子转换，产量因子的取值是基于南阳市耕地平均产量计算而得，不采用传统生态足迹模型的产量因子取值，也不采用基于世界耕地平均产量的计算取值。模型中耕地生态承载力的取值以规划制定的耕地战略目标、战略目标的实施数据为基础计算而得。

赵蕾（2009）在系统分析规划环境影响的基础上，运用系统动力学，对煤炭规划环境影响评价进行环境影响预测分析，是将系统动力学模型应用于煤炭规划环境评价的一次尝试，在此方面做一些探索性研究。

周影烈和包存宽（2009）在介绍不确定性概念及其在战略环境评价中内涵的基础上，针对战略环境评价的特点，基于应对不确定性，建立战略环境评价的管理模式，包括早期介入、工作程序互动、战略制定与战略环境评价的融合、跟踪评价 4 个方面。通过这种管理模式的实施运用，来顺应战略环境评价的不确定性，更好地应对不确定性，能更好地满足战略环境评价的需要，并提高其有效性，并以江苏省金坛市城南新区规划环境影响评价为例，进行了该管理模式的初步运用。

都小尚（2010）构建了不确定性条件下融合型和调整型区域规划环境评价方案优化方法框架，从而消除规划方案本身潜在的环境影响，实现规划方案和环境保护补救措施的系统优化及其不确定性风险决策。同时，从方法学上，基于强化区域间优化模型建立了不确定性条件下规划方案和补救措施的双层优化方法。针对郑州市土地利用总体规划（1997—2010 年）的规划环境评价，以生态系统服务功能价值的最大化为目标，以郑州市土地资源、经济发展（GDP）和环境指标[土地承载化学需氧量（COD）排放总量]为约束条件，得到不同风险水平下土地利用规划优化方案。

黄藏等（2009）阐述了回顾性评价在战略环境评价中的优点与作用，包括对环境影响的识别、研究环境的变化趋势、评价已产生的累积影响、为资源价值评估和损益分析提供必要的支撑，为战略环境预测评价提供可靠的定量和累积影响评价的依据。以福建九龙江流域综合规划环境影响评价为例，探索回顾性评价在流域战略环境评价中的实际应用情况，认为回顾性评价作为一种重要的评价技术方案，它的提出和运用进一步完善了战略环境评价体系，切实保障了战略环境评价的科学性和有效性。

宇鹏等（2009）根据集对分析的基本原理和聚类分析思想构造生态预算结果的预测模型，该模型把影响生态预算结果的因子作为一个集合，把生态预算结果看做一个集合，把这两个集合构成一个集对，通过这两个集合的同一、差异、对立的联系度达到精确预测的目的。应用该模型，对武汉市 2005—2020 年生态预算结果的发展趋势进行预测。

王四海等（2009）从生物多样性的景观、生态系统、物种和基因 4 个层次分析了生物多样性影响评价在战略环境评价中应用的限制因素。在此基础上，提出景观层次影响评价可以通过寻求易于测度的关键景观要素进行评价，宏观把握景观变化给生物多样性带来的影响趋势，生态系统层次影响评价应充分考虑各种替代方案的比较，避免敏感目标的生物多样性重大损失，物种层次的影响评价选择重要的目标物种作为主要评价依据，受研究水平限制，基因层次的影响评价还不具有普遍意义。

王鹏波（2010）在农村环境保护规划环境影响评价的环境影响识别、环境承载力、规划综合论证等方面做了探索研究。从农村地区主要开发活动的环境影响识别出发，重点探讨、论证了规划中的环境保护措施，对不足部分提出优化建议，并提出农村循环经济模式，农村地区环境保护应在清洁生产和循环经济的前提下，实施污染物治理措施，并以兰州市农村环境保护规划环境影响评价为实例进行研究。

农业规划战略环境影响评价，由于范围大、项目多、综合性强，相对其他行业而言更加复杂，还处于探索和总结经验阶段。在农业战略环境评价研究方面，程波等（2004）以经济与环境持续协调发展为基础，结合农业自身的特点，探讨农业规划环境影响评价指标体系的特性和指标体系的构成和建立方法。李笑光等（2008）对农业规划战略环境影响评价的重要意义和基本思路与方法、要求等进行研究、探讨和归纳。孙瑜（2008）提出农业规划环境评价的七个方面主要内容及采用相应方法。李庄（2009）对农业规划环境评价框架内容、指标体系、规划区域环境影响分析与预测。喻元秀等（2009）从研究总体概况、评价的必要性、评价的基本程序、评价指标体系的构建、评价方法等方面对中国农业战略环境评价研究的进展进行了综述，并对现有研究实例进行系统总结。

（三）我国规划环境评价的实践

20世纪80年代后期，我国有关部门和人士就进行了专项规划的环境评价的探索和实践。《东江流域规划环境评价报告书》于 1988 年获广东省科技进步二等奖，同济大学进行了《上海市交通政策与网络规划环境评价》，交通部提出的"十五"环保发展目标中有"开展全行业交通总体发展规划环境评价的试点工作"的内容。进入 20 世纪 90 年代，水利部颁布了《江河流域规划环境评价规范》（SL 45—1992）。河北省丰南市对黄各庄镇的总体规划进行了环境评价，成为我国较早开展的规划环境评价的尝试。

世界银行贷款的红壤二期改良项目，决策实施前进行了农业环境评价，从而极大地减少了规划实施可能对农业环境的不利影响，实现了资源的合理开发和利用。与以前未开展过环境评价的一期建成区相比较，红壤二期改良项目的土地温度（最热季节）有所降低，水土流失普遍得到了控制，土壤侵蚀模数降至每年 $1\,000t/km^2$ 左右，水质污染基本得到控制，项目区大多数公众认为项目是成功的。亚洲开发银行项目"关于中国能源开发项目中环境考虑的区域性研究"，首次对我国能源发展战略进行了环境评价，提出了三组能源需求与生产方案，对需求方案作了污染物排放量估计，对生产方案作了环境成本与效益分析，并使用多因素评价法进行环境综合评价。2001 年国家经贸委组织编制了在浙江省台州地区建设化学原料出口基地的规划，为了使这个规划符合可持续发展的目标，国家经贸委请环保部门组织对该规划进行环境评价，该项规划的环境评价报告书编制完毕并通过了审查。

我国重点行业和流域规划环境评价正在顺利进行。我国在城市总体规划、土地利用总体规划、化工行业规划、城市轨道交通规划、流域水电梯级开发规划、煤炭矿区总体规划、港口总体规划等领域，开展了规划环境评价工作，为我国规划环境评价工作的深入、广泛地开展积累了一定的实践经验，同时也在实践中逐步探索出一些适合我国国情的评价思路、工作程序和技术方法。2004 年环境保护总局顺利完成了《全国林纸一体化建设"十五"及 2010 年专项规划》环境评价工作，这是我国第一个国家层面的规划环境评价。此后，在全国陆续开展了塔里木河流域、澜沧江中下游、四川大渡河、雅碧江上游、沉水流域等流域开发利用规划的环境评价。此外，石化等重点行业、城市轨道交通及港口规划环境评价工作也正稳步推进。各区域、流域、海域的重大经济开发活动和产业发展规划，都要进行环境评价。

（四）我国农业规划环境评价研究中存在的问题

农业可持续发展、建设社会主义新农村、减少农用化学品投入、农业和畜牧业废弃物资源化、农业面源污染控制等已经成为广大农业科技工作者的工作重点。开展农业战略环境评价，从规划乃至政策层面做好节约农业资源、污染预防，从源头控制农业面源污染是国家保护环境、控制污染的必要手段。

我国在农业规划环境评价方面，已经开始了有成效的尝试。包括《全国新增 1 000 亿斤粮食生产能力规划》、《国家粮食战略工程河南核心区建设规划》、《山西省农业和农村经济发展"十一五"规划》、《江苏省"十一五"现代农业建设规划》等。如山西省农业厅委托评价单位对其主持编制的《山西省农业和农村经济发展"十一五"规划》进行了环境评价。评价文件围绕农业经济发展与效益、农业非点源污染及水质保护、土壤保护、农业固体废物综合利用、资源利用等内容提出山西省农业规划环境评价指标体系，对规划中的七大建设重点工程进行了环境分析与评价，针对性提出了减缓措施。

但农业规划环境评价在我国发展时间短，规划环境评价的理论研究和实践都还需要不断的完善，目前已经进行的规划环境评价的实例，其理论依据主要是基于项目环境评价的技术、方法与管理模式，缺乏系统的规划环境评价理论和技术方法。这样一方面使得规划环境评价过分依赖项目环境评价中的定量的技术方法，而规划本身具有极大的不确定性，其评价的结论往往有失偏颇；另一方面使得规划环境评价内容和技术方法过于复杂，造成编制时间过长，这样极大地影响了我国规划环境评价的效果和效率。

第二节　畜禽养殖业的主要环境问题及污染特点

一、畜禽养殖业的主要环境问题

（一）污染水体

未经处理排放的粪便、污水中含有大量污染物，其中化学耗氧量高达 3 万～8 万 mg/L，成为高浓度的有机污染源。这些污染物排入自然环境和江河湖泊后，将造成水体富营养化，使水质恶化，导致敏感水生物死亡。其有毒、有害成分渗入地下还可造成地下水中的硝酸盐含量过高，溶解氧减少，使水体发黑、发臭，丧失使用功能。部分自然水体的水质之所以在短短数年内迅速恶化，除工业污染外，畜禽养殖业粪便污染也是一个主要因素。

（二）污染空气

畜禽粪便在厌氧的环境条件下，可分解释放出氨气、硫化氢、甲烷等带有酸味、臭蛋味、鱼腥味的刺激性气体，会对养殖场周边的大气环境造成严重污染。挥发到大气中的氨气还可引起酸雨，影响农作物的生长。粪便的恶臭除直接或间接危害人畜健康外，还会引起畜禽生产力降低，使养殖场周围生态环境恶化。日本的《恶臭法》已确定的 8 种恶臭物质中，就有 6 种与畜牧业密切相关。

（三）污染土壤

进入土壤的粪便及其分解产物或携带的污染物质，超过土壤本身的自净能力时，便会引起土壤的组分和性状发生改变，并破坏原有的功能，造成对土壤的污染。土壤污染主要通过土壤—食物和土壤—水两个根本的途径对人或动物产生危害，空气和水中的污染物，最后都将经过自然界和物质循环进入土壤。进入土壤中的粪便，其中的有机物数量过多或用法不当时，超过土壤的自净能力，就有可能造成污染。某些传染病原经常污染土壤，以土壤传播为主的传染病的病原体可以在土壤中寄生多年，经土壤或土壤中生活的动物（蚯蚓、甲虫等）可以传播寄生虫。土壤性寄生虫，如蛔虫病等，都可在一定时期内对人畜造成危害。

分析畜禽养殖业污染日趋严重的原因，一是对畜禽养殖业的环境管理薄弱，缺乏统一规划、布局，导致畜禽养殖场选址、布局和规模的随意性，缺乏监督管理的力度。目前全国90％以上的集约化养殖场建设前没有经过环境评价，60％以上的集约化养殖场未采取干湿分离（粪便与冲洗水分开）的清洁生产工艺 二是畜禽养殖业废渣的综合利用研究、推广不够，养殖业与种植业没有很好结合起来，加之农村耕作方式的变化，农民用化肥代替了农家肥，致使农家肥这个宝贵的资源成了污染源。

二、畜禽养殖业污染特点

（一）以面源为主

畜禽养殖业对环境的污染是面源污染的主要因素之一，已经成为发达国家和发展中国家共同关心的问题。Mallin 等通过对美国北卡罗来纳州集约化畜禽养殖场的研究，认为畜禽粪便是水生生态系统中氮和病原微生物污染的主要来源。

我国于 20 世纪 80 年代后期开始关注畜禽养殖业污染问题。90 年代初，杭州湾的污染问题引起各级政府的高度重视，化肥施用及畜禽粪便为杭州湾污染的主要来源，这一结论首次敲响了我国畜禽粪便污染的警钟。

1992 年上海市环境保护局开展"黄浦江水环境综合整治研究"重大课题，对黄浦江上游的面源污染进行调查。结果表明，黄浦江流域畜禽粪便的 COD、生化需氧量（BOD）、总氮（TN）和总磷（TP）的污染年负荷量分别为 68 555t、22 152t、34 115t 和 3 132t，畜禽粪便造成的环境污染占黄浦江上游污染总负荷的 36%。

（二）污染物产生量大

根据国家统计数据，1999 年全国畜禽粪便产生量约为 19 亿 t，是工业固体废弃物的 2.4 倍，粪便所含污染物的 COD 达 7 118万 t，远远超过工业与生活废水 COD 之和。据经验数据，一个饲养 10 万只鸡的工厂化养鸡场，年产鸡粪达 3 600t 以上；一个千头奶牛场可日产粪尿 50t；一个千头肉牛场日产粪尿 20t；一个万头猪场每年大约排出粪尿 3 万 t，全年可向周围排放大约 100~161t 氮和 20~33t 磷。

（三）污染物的浓度高

养殖场目前排出的粪便及污水污染浓度高，从而进一步增大其养殖场粪尿及污水的处理难度和处理成本。国家环境保护总局 2002 年对全国 23 个省（自治区、直辖市）规模化畜禽养殖业污染状况的调查，粪便中污染物平均值见表 1-1。

据北京市环境保护局等部门对集约化畜禽养殖场排放的粪污进行监测的结果，COD 平均超标 53 倍，氨氮、TP 等指标超标 20 倍以上，BOD 超标 76 倍，悬浮物（SS）超标 4 倍以上。高浓度畜禽养殖业污水中的 COD、BOD 含量超过 GB 18596—2001

《畜禽养殖业污染物排放标准》规定标准值 30～40 倍，SS、NH₃-N 超过其标准值的 10～15 倍。据化验分析，畜禽场排放的 1mL 污水中含有 33 万个大肠杆菌和 66 万个肠球菌，1L 污水中蛔虫卵和毛线虫卵分别高达 200 个和 100 个。

表 1-1 我国各类集约化畜禽养殖场排放污水水质状况

畜禽种类	清粪方式	COD$_{Cr}$ (mg/L)	NH₃-N (mg/L)	TN (mg/L)	TP (mg/L)	粪大肠菌群 (亿个/L)
猪	干捡	2 640	261	370	43.5	
	水冲	21 600	5 900	8 050	1 270	
肉牛	干捡	8 870	22.1	41.4	5.33	≥2.40
奶牛	干捡	6 820	34.0	45.0	12.6	
蛋鸡	水冲	6 060	261	3 420	31.4	

（四）治理率低，处理难度大

集约化畜禽养殖场污染问题尚未引起足够的重视，污染物排放在相当程度上处于放任自"流"状态。据不完全统计，全国经过环境影响评价的规模化养殖场不到总数的 10%，60% 的养殖场缺少干湿分离这一最为必要的环境管理措施，对于环境治理的投资力度明显不足，80% 左右的规模化养殖场缺少必要的污染治理资金。

另外，绝大多数养殖场的污染治理设施属不可能处理达标的简易设施，致使大量畜禽粪尿及冲洗混合污水直接排入自然环境，甚至经过渗透而污染地下水。有 80% 以上的集约化畜禽养殖场没有足够数量的配套耕地以消纳所产生的畜禽粪尿，原本可用作肥料的畜禽粪尿反而成为污染物，加之粪便含水量大且恶臭，处理、运输及施用既不方便也不安全卫生，集中处理难以实现。

第三节　研究思路与技术路线

一、研究思路

　　本书以畜禽养殖业发展现状为基础，找出畜禽养殖业规划的特点、畜禽养殖业污染的特点、存在的问题，对我国已有的畜禽养殖业规划进行整理和剖析，重点对畜禽养殖业规划环境评价关键技术方法和评价指标体系进行探讨，对当地规划实施区域的资源、环境、生态可能带来的重大环境问题进行预测，提出有效的防护措施，以此作为评价我国现有畜禽养殖业规划可持续性的一项重要指标，选取山东省滨州市某县畜禽养殖业规划案例分析，对研究成果进行验证。

二、技术路线

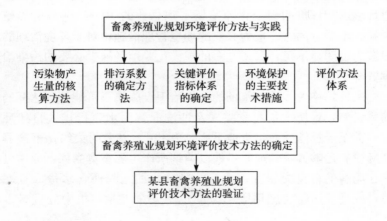

参 考 文 献

包存宽，刘利．2002．战略环境影响识别研究．安全与环境学报，2（4）：42-45．

包存宽，尚金城．2000．论战略环境评价中的公众参与．重庆环境科学，22（2）：37-40．

包存宽，尚金城．2000．战略环境评价中的战略筛选研究，环境与开发，15（2）：31-33．

包存宽，尚金城．2001．前后对比分析法在战略环境评价中的应用初探．环境科学学报，21（6）：754-758．

包存宽，尚金城．2001．战略环境评价指标体系建立及实证研究．上海环境科学，20（3）：113-115．

包存宽，尚金城．2001．战略环境评价中的替代方案及环境影响减缓措施．环境科学动态（1）：1-4．

包存宽，赵伟．2001．可持续发展理论与方法在战略环境评价中的应用．环境观察与评论，3（1）：36-42．

车秀珍，尚金城．2001．城市化进程中的战略环境评价（SEA）初探．地理科学，21（6）：554-557．

车秀珍，尚金城．2002．生态学理念在城市化进行战略环境评价中的应用．重庆环境科学，24（3）：71-73．

陈绍娟．2001．论城镇建设规划的战略环境影响评价．环境科学与技术（2）：37-39．

程波，常玉海，陈凌．2004．农业规划环境影响评价指标体系研究．环境保护（4）：40-44．

董博．2007．规划环境影响评价方法研究，硕士学位论文．北京：北京化工大学．

都小尚，周丰，杨永辉，等．2010．不确定性下区域规划环境评价方案优化方法框架研究．环境科学学报，30（6）：1331-1338．

冯春涛．2002．美国环境影响评价制度（EIA）评价．国土资源（6）：56-58．

郭红连，黄煞瑜．2003．战略环境评价（SEA）的指标体系研究．复旦学报（自然科学版），42（3）：468-475．

郝明家，袁笛．2002．战略环境评价理论与方法的初步探讨．环境保护科学，28（113）：50-52．

洪尚群，贺京．2002．基于政策规律的战略环境影响评价．重庆环境科学，24（1）：9-12．

洪尚群，李亚园．2001．不同政策组合的战略环境影响评价．环境保护科学，27（108）：49-51．

黄藏，张略平，方秦华．2009．回顾性评价在流域战略环境评价中的应用．环境与可持续发展（2）：63-65．

黄藏，张略平，方秦华．2009．回顾性评价在战略环境评价中的重要性和作用．环境与可持续发展（1）：52-54．

李巍．1997．政策环境影响评价．北京：北京师范大学．

李巍，程红光．2002．西部大开发概要性战略环境评价大纲研究．环境科学与技术，25（3）：35-37．

李巍，杨志峰．2000．重大经济政策环境影响评价初探——中国汽车产业政策环境影响评价．中国环境科学，20（2）：114-118．

李笑光，孙瑜．2008．农业规划战略环境影响评价的基本思路与方法．农业工程学报，24（2）：296-300．

李洋，李书绅．2001．国内外SEA进展与展望//中加战略环境影响评价研讨会论文集．

李庄．2009．农业规划环境影响评价的实践与初探．环境保护，424（7）：74-75．

刘岩，张洛平．2002．厦门岛东海岸区开发规划环境评价的基本原理与方法．厦门大学学报（自然科学版），41（6）：786-790．

刘艳中．2008．基于生态足迹模型的南阳市耕地保护战略环境影响评价研究．北京：中国地质大学．

陆军，郝大举．2006．规划环境评价指标体系及评价方法浅析．污染防治技术，19（1）：26-27．

罗国芝．2007．水产养殖规划环境影响评价研究．上海：同济大学．

马蔚纯，林健枝．2002．高密度城市道路交通噪声的典型分布及其在战略环境评价中的应用．环境科学学报，22（4）：514-518．

毛文永.2001.流域开发规划环境影响评价的战略意义.中国人口·资源与环境,11 (3):89-92.

潘嫦英.2005.土地利用规划环境影响评价研究.杭州:浙江大学.

彭理通.2001.战略环境评价探索研究//中加战略环境影响评价论文集.

彭应登,王华东.1997.累积影响及其意义.环境科学,18 (1):86-88.

尚金城,包存宽.2000.战略环境评价系统及工作程序.城市环境与城市生态,13 (3):31-33.

尚金城,张妍.2001.战略环境评价的系统分析.云南环境科学,20 (增刊):112-116.

孙瑜,李笑光,朱琳.2008.农业规划环境评价编制的主要内容与方法分析.农业经济问题(增刊):190-193.

王金波.2008.规划环境影响评价指标体系的研究及应用.上海:上海东华大学.

王鹏波.2010.农村环境保护规划环境影响评价研究——以兰州市农村地区为例.兰州:兰州大学.

王四海,杨宇明,王娟,等.2009.战略环境影响评价中生物多样性影响评价特点.长江流域资源与环境,18 (5):477-481.

韦洪莲,倪晋仁.2001.面向生态的西部开发政策环境影响评价.中国人口·资源与环境,11 (4):21-24.

吴晓青,洪尚群.2001.战略环境影响评价中的分析框架.重庆环境科学,23 (6):1-4.

徐鹤,朱坦.2000.战略环境评价(SEA)在中国的开展.城市环境与城市生态,13 (3):4-6/10.

徐鹤,朱坦.2000.战略环境影响评价与可持续发展.中国人口·资源与环境,10 (特刊):9-11.

徐鹤,朱坦.2001.战略环境评价方法学研究.上海环境科学,21 (6):295-296.

杨洁,毕军,顾朝林,等.2004.城市规划的环境影响评价研究初探.环境污染与防治,26 (6):465-476.

宇鹏,周敬宣,李湘梅.2009.战略环境评价中的生态预算方法研究——以武汉市为例.资源科学,31 (4):663-668.

喻元秀,任景明,王如松.2009.中国农业战略环境评价研究进展.中国农学通报，25（20）：292-297.

张妍，尚金城.2002.铁路工程的战略环境评价.安全与环境学报，2（2）：18-21.

赵蕾.2009.系统动力学在规划环境影响评价中的应用研究.陕西：西安科技大学.

周影烈，包存宽.2009.基于应对不确定性的战略环境评价管理模式设计与应用——以金坛城市规划环境评价为例.长江流域资源与环境，18（7）：673-696.

朱桂田，韦龙明，吴烈善.2002.日本环境评价制度对我国环境评价制度的启示.矿产与地质，16（6）：364-368.

Alison Donnelly, Mike Jones, TadhgO Mahony et al. 2007. Selecting environmental indicator for use in strategic environmental assessment, Environmental Impact Assessment Review (27)：161-175.

Benjamin P. Underwood, Charles C. Alton. 2003. Could the SEA-Directive Succeed in United States. Environmental Impact Assessment Review (23)：259-261.

Bram F. Noble. 2002. The Canadian Experience with SEA and Sustainability. Environmental Impact Assessment (22)：3-16.

Clive Briffett, Jeffrey Philip Obbard, Jamie Mackee. 2003. Towards SEA for the Developing Countries in Asia. Environmental Impact Assessment Review (23)：171-196.

Department of the Environment. 1991. Policy appraisal and the environment a guide for government department. London：HMSO.

Dimitri Devuyst, Thomas Van Wijngaarden, Luc Hens. 2000. Implementation of SEA in Flanders：Attitude of Key Stakeholders and a User-Friendly Methodology. Environmental Impact Review (20)：65-83.

Dolores Hedo, Olivia Bina. 1999. Strategic Environmental Assessment of Hydrological and Irrigation Plans in Castilia Leon Spain. Environmental Impact Assessment Review (19)：259-273.

Elizabeth Keysar, Anne Steinemann. 2002. Integrating environmental impact assessment with master planning：lessons from the US Army. Environmental Impact Assessment Review (22)：583-609.

Fischer T. B. 2002. Strategic Environmental Assessment in Transport and Land Use Planning. Earth scan, London.

Francois Retief, 2007. A performance evaluation of strategic environmental assessment (SEA) processes within the South African context, Environmental Impact Assessment Review (27): 84 - 100.

Francois Retief, A performance evaluation of strategic environmental assessment (SEA)

Gardiner J. G. 1994. Sustainable Development for River Catchment. J. IWEM. 8 (June): 308 - 319.

Goran Finnveden, Mans Nilsson, Jessica Johansson. 2003. Strategic Environmental Assessment Methodologies-Application within the Energy Sector. Environmental Impact Assessment Review (23): 91 - 123.

Guideline Document: Strategic Environmental Assessment in Africa, Department of Environmental Affair and Tourism, 2000. 2.

Handbook on Environmental Impact Assessment. 1999. UK: Blackwell, London.

Hauk von Seht. 1999. Requirements a Comprehensive Strategic of Comprehensive Strategic Environmental Assessment System. Landscape and Urban Planning (45): 1 - 14.

Holger DalloDanna, Rodrigo Jiliberto Herrerab, Daniel Bongardt. 2004. Analytical strategic environmental assessment (ANSEA) developing a new approach to SEA. Environmental Impact Assessment Review (24): 385 -402.

Keinlschmidt V and Wanger D. , 1998. Strategic Environmental Assessment in Europe: Fourth European Workshop on Environmental Impact Assessment. Dordrechi \ Boston \ London: Kluwer Academic Publisher.

Lee N. , Walsh F. , 1992. Strategic Environmental Assessment: An Overview. Project Appraisal, 7 (3): 126 - 136.

Maria Rosario Partidario. 2000. Elements of an SEA Framework-Improving the Added Value of SEA. Environmental Impact Assessment Review. (20): 647 - 663.

Nathalie Risse, Michel Crowley, Philippe Vincke, et al. 2003. Implementing the European SEA Directive: the Member States Marlin of Discretion. Environmental Impact Assessment Review (23): 453 - 470.

Partidario M R. Strategic environmental assessment: pricinciples and potential. In: Pelts J, ed.

Pendall, Rolf. 1998. Problems and Prospects in Local Environmental Assessment: Lessons from the United States. Journal of Environmental Planning and Management, 41 (1): 5 - 23.

Peter N. Duinker, Lorne A. Greig, 2007. Scenario analysis in environmental impact assessment: Improving explorations of the future, Environmental Impact Assessment Review (27): 206 - 219. Processes within the South African context, Environmental Impact Assessment Review (27): 84 - 100.

Rosbrio Partid6rio, Ray Clark. 2000. Perspectives on Strategic Environmental Assessment. CRC Press.

Rosy Arce, Natalia Gullon. 2000. The Application of Strategic Environmental Assessment to Sustainability Assessment of infrastructure Development. Environmental Impact Assessment Review (20): 393 - 402.

Sadler B. 1996. Environmental Assessment in a Changing World: Evaluating Practice to improve Performance. International Study of the effectiveness of Environmental Assessment, Final Report. Canadian Environmental Assessment Agency, Canada.

Therivel R. 2004. Strategic environmental assessment in action. London: Earthscan Publication Ltd.

Therivel Riki, Wilson Elizabeth, Thomson Steward, et al. 1992. Strategic Environmental Assessment. London: Earthscan Publication Ltd.

Therivel R., Wilson E., Thompson S., et al., 1992. Strategic Environmental Assessment. Earth Scan Publications, London.

Thomas B. Fischer. 1999. Comparative Analysis of Environmental and Socio-Economic Impacts in SEA for Transported Related Policies, Plans and Programs. Environmental Impact Assessment Review (19): 275 - 303.

第二章　畜禽养殖业主要环境因素

第一节　我国畜禽养殖业结构及发展特点

畜禽品种、饲养方式、管理水平、畜舍结构和清粪方式等的不同，将直接影响规模化畜禽养殖业污染物（粪尿、废水、氮磷、有害气体等）的产生量。本章将在收集大量文献和统计资料的基础上，根据现有研究资料的结果对我国主要畜禽的养殖方式及其排污特征进行总结，得出各类畜禽污染物的产生量的估算参数经验范围。

一、我国畜禽养殖业总量及分布

（一）畜禽养殖业总量

根据《中国农村统计年鉴 2008》，统计了全国 31 个省、自治区和直辖市 2007 年畜禽存栏量、出栏量的数据，并计算出 2007 年全国的畜禽养殖量：2007 年全国全年生猪的养殖量为 100 497.8 万头，牛的养殖量为 14 954.3 万头，羊的养殖量为 54135.4 万头，家禽的养殖量为 146 亿只，如表 2-1 所示。

表 2-1　2007 年我国畜禽年末存栏、出栏及全年养殖量统计

种类	单位	年末存栏		年末出栏		全年养殖量
		2007 年	2007 年/ 2006 年（％）	2007 年	2007 年/ 2006 年（％）	
牛	万头	10 594.8	101.2	4 359.5	103.3	14 954.3
马	万头	702.8	97.7	151.2	98.3	854

（续）

种类	单位	年末存栏		年末出栏		全年养殖量
		2007 年	2007 年/ 2006 年（%）	2007 年	2007 年/ 2006 年（%）	
驴	万头	689.1	94.3	216.1	96.8	905.2
骡	万头	298.5	86.5	58.0	94.6	356.5
猪	万头	43 989.5	105.1	56 508.3	92.3	100 497.8
羊	万只	28 564.7	100.7	25 570.7	103.4	54 135.4
家禽	亿只	50.2	103.8	95.8	102.9	146

我国畜禽养殖业的分布情况参照《中国农村统计年鉴2008》中2007年全国各地区主要牲畜存栏量和出栏量统计结果，如图2-1所示。

（二）畜禽养殖业分布

畜牧业生产受自然条件、社会经济条件、物质技术装备条件及文化和历史等诸多因素的影响和制约，各地区间差距很大。畜牧生产的分布区域逐渐向优势产区集中，区域化生产格局逐步形成。

司智陟（2008）分析了改革开放30年我国畜牧业生产区域分布变化情况，他指出2006年我国畜禽养殖业分布状况正发生新的变化，具体为：

生猪生产由华东向南北两侧扩散：从1978年至今，生猪生产逐渐由华东向华北、中南转移。2006年华东猪肉产量在全国的比重比1979年下降了8.66个百分点，而华北生产比重则增加了3.53个百分点，中南增加了4.52个百分点，其他地区变化不大。目前，生猪生产带主要分布在中南、华东和西南，2006年，这3区猪肉产量占全国产量的77.94%。四川是中国的第一大生产省份，产量占全国10.42%。其他主要省份还有：河南9.05%、湖南8.65%、山东7.32%、河北6.78%、云南

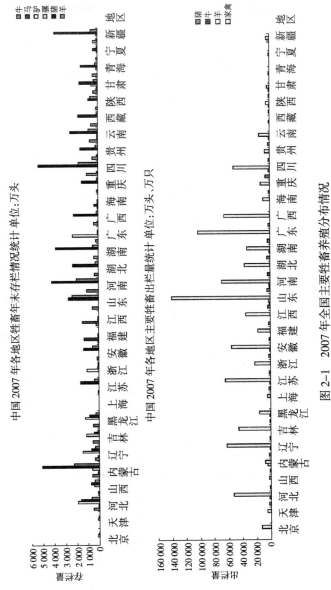

图 2-1　2007 年全国主要性畜养殖分布情况

5.01％、广东 4.99％、湖北 4.89％、安徽 4.36％和江苏 4.21％。

肉牛生产由西部向东北、中原区域转移：从 1978 年至今，肉牛主产带由西北、西南两区逐渐向东北、中原区域转移。中南牛肉生产由 1979 年占全国产量的 13.04％，增加到 2006 年的 23.04％，增加了 10 个百分点；东北增加了 8.16 个百分点；华东增加了 5.82 个百分点。而西南、西北则分别下降 17.06 个百分点和 10.48 个百分点。目前，牛肉生产带主要分布在中南、华北、华东和东北。2006 年，这 4 区生产量占全国总产量的 77.8％。河南是我国第一大肉牛生产省份，产量占全国的 14.57％。其他主要省份还有：山东 10.81％、河北 12％、吉林 7.07％、辽宁 5.91％、内蒙古 5.09％、新疆 5.07％、安徽 4.58％和四川 3.94％。

肉羊生产由西部向华北转移：从 1978 年至今，肉羊主产带由原来的西部地区逐渐向华北转移。2006 年，西南羊肉生产与 1978 年相比，减少了 8.47 个百分点，西北减少 5.9 个百分点，而华北由 1979 年的 21.84％增加到 2006 年的 27.65％，增加了 5.81 个百分点，中南增加了 6.7 个百分点。目前，肉羊产业带主要分布在华北、中南、西北、华东。2006 年，这 4 区的羊肉产量已占全国的 94.72％。内蒙古和新疆是我国羊肉主要生产省份，分别占全国的 17.24％、14.26％。其他重要省份还有：河南 10.89％、山东 7.8％、河北 7.53％、四川 4.47％、江苏 3.83％和安徽 3.73％。

奶牛生产向北部高度集中：自 1978 年以来，我国奶牛生产由原来的各区域分散生产向华北、东北高度集中。2006 年，华北生产量占全国比重的 46.6％，比 1982 年的 21.21％提高了 25.39 个百分点，而西南、华东、西北生产量下降，西南牛奶生产量下降了 18.65 个百分点，西北下降了 4.42 个百分点，华东下降了 3.79 个百分点。目前，奶牛生产带主要分布在华北、东北两区，2006年牛奶产量占全国的65.03%。内蒙古、黑龙江、河北是我国奶牛生产大省，分别占全国产量的27.22%、14.41%、12.76%。其他重要省份还有：山东6.76%、新疆5.63%、河南4.62%和陕西3.99%。

蛋禽生产由华东向华北、中南转移：自1978年以来，蛋禽生产由华东向华北、中南转移。华东是我国蛋禽生产第一大区域，1982年产量占全国的37.76%。2006年，华东蛋禽产量比1982年下降了8个百分点，西南下降了1.75个百分点，而华北增加了13.93个百分点，中南增加了6.8个百分点。目前，禽蛋生产带主要分布在华东、中南、华北、东北，这4区的产量已占全国的88.45%。河北、山东、河南都是禽蛋生产大省，分别占全国的15.79%、14.62%、13.61%。其他重要省份还有：辽宁8.06%、江苏6.3%、四川5.83%和安徽4.19%。

肉禽生产向北部区域转移：自1978年以来，我国肉禽生产逐渐由中南、华东向北部区域转移。中南生产量由1985年占全国产量的36.39%下降到2006年的25.14%，下降了11.25个百分点，西南下降了3.9个百分点，而东北生产量增加了9.02个百分点，华北增加了7.24个百分点。目前，肉禽生产带主要分布在中南、华东、华北、东北，2006年禽肉产量已占全国的88.91%，其中中南、华东是最大区域，占全国61.91%。山东、广东是禽肉生产大省，分别占全国产量的17.12%、7.88%。其他重要省份还有：辽宁7.07%、河北6.91%、江苏6.88%、河南6.3%、吉林6.13%、四川4.99%和安徽4.85%。

近年来，集约化畜禽养殖场大量兴起，发展速度快，其产值约占畜禽养殖业的40%。然而，出于降低养殖、运输和销售成本及便于加工的需要，集约化畜禽养殖场大多建在人口稠密、交通方便和水源充沛的地方。从分布格局上看，80%以上大中型集约化畜禽养殖场分布在对畜禽产品需求较大的东部沿海地区及大城市郊区，而西部地区大中型集约化畜禽养殖场仅占总量的 1% 左右，从而使得我国畜禽养殖业的区域化布局更加明确。另外，约 30% 的集约化畜禽养殖场距离居民区或水源地较近。

二、规模化养殖水平

（一）不同养殖场规模的划分标准

对规模化养殖场的分级标准目前尚没有统一的标准。按照畜禽的养殖主体，分为农户散养和规模化养殖两种。而规模化的畜禽养殖场又分为畜禽养殖场和养殖小区。其中集约化畜禽养殖小区指距居民区一定距离，经过行政区划确定的多个畜禽养殖业个体生产集中的区域。

《畜禽养殖业污染排放标准》中对集约化畜禽养殖业的界定为生猪存栏 500 头以上（25kg 以上），蛋鸡存栏 1.5 万只以上、肉鸡 3 万只以上，而奶牛为 200 头以上、肉牛为 400 头以上，见表 2-2、表 2-3。

表 2-2　集约化畜禽养殖场的适用规模（以存栏数计）

规模分级	猪（头）（25kg 以上）	鸡（只）		牛（头）	
		蛋鸡	肉鸡	成年奶牛	肉牛
Ⅰ级	≥3 000	≥100 000	≥200 000	≥200	≥400
Ⅱ级	500≤Q<3 000	15 000≤Q<100 000	30 000≤Q<200 000	100≤Q<200	200≤Q<400

注：Q 表示养殖量。

表 2-3　集约化畜禽养殖小区的适用规模（以存栏数计）

规模分级	猪（头）（25kg 以上）	鸡（只）		牛（头）	
		蛋鸡	肉鸡	成年奶牛	肉牛
Ⅰ级	≥6 000	≥200 000	≥400 000	≥400	≥800
Ⅱ级	3 000≤Q<6 000	100 000≤Q<200 000	200 000≤Q<400 000	200≤Q<400	400≤Q<800

注：Q 表示养殖量。

《畜禽养殖业污染治理工程技术规范》（HJ497—2009）规定存栏量为 300 头以上的养猪场，50 头以上的奶牛场，100 头以上的肉牛场，4 000 羽以上的养鸡场，2 000 羽以上的养鸭场和养鹅场为规模化养殖场。

中国环境规划院在进行全国水环境容量核定的技术指南中认为，规模化养殖为猪大于 100 头、蛋鸡大于 3 000 只、肉鸡大于 6 000 只、奶牛大于 20 头、肉牛大于 40 头。

不同地方在评价规模化养殖场时所采用的标准也不相同，李民提出规模化畜禽养殖业场通常情况下是指年存栏 500 头以上的猪场、30 000 羽以上的鸡场、100 头以上的牛场，其他类型养殖场应按照污染负荷加以换算。沈根祥认为年存栏 1 000 头以上的猪场、10 000 羽以上的鸡场、100 头以上的牛场。

通过对比上述几种分级标准，本研究认为《畜禽养殖业污染排放标准》中对集约化畜禽养殖业的界定是比较合理的。

（二）规模化畜禽养殖业现状

截至 2003 年全国已有集约化畜禽养殖场近 5 万个，约占全国养猪总量的 20%、奶牛存栏总量的 45% 和养鸡总量的 75%，全行业产值中约 40% 为集约化畜禽养殖场所创造。从养殖规模来看，北京、上海、河南、浙江、广东等地畜禽养殖业规模化程度比较高，但目前仍以小规模集约化畜禽养殖场为主，占我国集约化畜禽养殖场总数的 80% 以上。据农业部有关部门统计，2008 年全国生猪规模化养殖比重较上年提高约 7～8 个百分点，超过 50% 以上。

农业部 2008 年 2 月发布的《全国生猪优势区域布局规划（2008—2015 年）》提出，计划到 2015 年，规模养殖的比重达到 65% 以上。

三、不同畜禽饲养周期分析

畜禽种类不同，生长期差异较大，导致不同种类畜禽存栏期不

同，在进行畜禽污染物的产生量统计时应有一定的区别。查阅
1994—2008 年公开发表或出版的文章、著作以及全国规模化畜禽养
殖业污染情况调查技术报告，猪、牛、禽生长期的相关参数如下。

1. 猪　猪种类不同，其饲养周期存在较大的差距。我国肉
猪的饲养周期一般为 180～199d，而公（母）猪的饲养天数
为 365d。

2. 牛　按照用途分，主要有役牛、肉牛和奶牛，役牛和奶
牛饲养周期较长，均 10 年左右。一般肉牛当年不出栏，饲养周
期为 365d。

3. 禽　家禽有肉禽和蛋禽之分，蛋禽与肉禽生长期有较大
差异，对于鸡来说，肉鸡的生长期一般为 55d，蛋鸡为
210～365d。

第二节　畜禽养殖业污染物
年产生量核算

目前虽然很多资料对各种畜禽粪尿、氮和磷的产生总量、系
数都有报道及推荐，但是变异很大。通过查阅国内近年来的研究
成果，最新出台的各项标准规范，收集其中与畜禽粪尿排泄及其
污染物的含量相关参数，并进行比较和计算，取相关参数范围边
界值的平均值作为各种畜禽新鲜粪尿的排泄系数及污染物含量，
进行汇总整理。

一、畜禽的粪便排泄系数

畜禽粪便排泄系数是指单个动物每天排出粪便的数量，它与
品种、年龄、体重、地区、季节、生理状态、饲料组成和饲喂方
式等相关。例如，牛粪尿排泄量明显高于其他畜禽粪尿排泄量，
禽类粪尿混合排出，且总氮高于其他家畜。

（一）经验参数

马林等（2006）总结收集了畜禽粪尿排泄相关参数，如表2-4所示。黄沈发等（1994）研究了不同饲料结构下生猪日粪、尿排泄量，见表2-5。白明刚（2010）基于文献资料测定值及引用值总结了畜禽粪尿排泄系数，见表2-6。刘培芳等（2002）参照日本农业公害手册和上海市农业科学院畜牧研究所根据实验得出的畜禽粪便污染物排泄系数，并结合长江三角洲地区畜牧饲养的实际情况，将畜禽粪便污染物的日排泄系数进行修正（表2-7）。根据《畜禽养殖业污染治理工程技术规范》（HJ497—2009）的附录A中推荐数据，不同畜禽粪污日排泄量见表2-8。

表2-4　畜禽养殖业粪尿排泄系数

单位：kg/（头·d）、kg/（只·d）

畜禽种类	粪尿排泄系数值	平均值
猪	4.2～6.0	5.3
肉牛	18.9～22	21
奶牛	39.5～64.9	53.2
肉鸡	0.06～0.15	0.10
蛋鸡	0.123～0.164	0.146

表2-5　每头生猪日排粪尿量

体重（kg）	仅吃混合料的猪		加喂青料的猪	
	粪（kg）	尿（L）	粪（kg）	尿（L）
20～30	0.982	3.265	1.419	4.443
30～40	1.219	3.193	1.830	3.400
40～60	1.685	3.744	1.819	5.127
60～80	1.809	4.164	1.903	3.795
80～100	1.945	3.908	3.056	4.711
平均值	1.528	3.654 8	2.005 4	4.295 2

表 2-6 畜禽粪尿排泄系数

单位：kg/（头·d）、kg/（只·d）

畜禽种类	粪排泄系数范围	平均值	尿排泄系数范围	平均值
猪	2~5	3.5	3.3~5	4.15
肉牛、役牛	20~25	22.5	10~11.1	10.55
奶牛	30	30	11.1	11.1
马	8~10	9	4.9	4.9
驴、骡	4.8	4.8	2.88	2.88
羊	1.3~2.66	1.98	0.43~0.62	0.53
兔	0.12	0.12	0.07	0.07
蛋鸡	0.15	0.15	—	—
肉鸡	0.08	0.08	—	—
鸭、鹅	0.13	0.13	—	—
家禽	0.125	0.125	—	—

表 2-7 畜禽污染物日排泄系数

单位：g/（头·d）、kg/（只·d）

污染物	生猪	蛋禽	肉禽	牛
粪	2 200	75	150	30 000
尿	2 900	—	—	18 000

表 2-8 畜禽污染物日排泄系数

单位：kg/（头·d）、kg/（只·d）

污染物	牛	猪	鸡	鸭
粪	20	2	0.12	0.13
尿	10	3.3	—	—

（二）合理取值范围

通过对收集的畜禽粪尿排泄相关参数的对比，根据我国当前的研究水平，由于基础数据的缺乏，在实际工作中很难把畜禽粪便的日排泄物量按照粪便和尿液区分统计。本研究结合已有经验参数，确定了我国畜禽粪尿日产生量的合理范围，见表 2-9。

　　经过对比，本研究认为新出台的《畜禽养殖业污染治理工程技术规范》（HJ497－2009）中的附录 A 的推荐数据基本符合本研究的推荐范围，可供以后的畜禽养殖业规划研究人员与环境保护工作者在缺乏实际数据时参考。

表 2-9　畜禽粪便日产生量参考范围

单位：kg/（头·d）、kg/（只·d）

项目	奶牛	肉牛	猪	蛋鸡	肉鸡
粪	12.7~45.5	17.8~20.0	1.5~5.0	0.059~0.136	0.06~0.13
尿	6.0~25	6.5~10.0	2.0~7.0	—	—
粪尿混合	24.6~64.9	24.3~30.0	4.2~11.0	0.059~0.164	0.06~0.15

二、畜禽养殖业废水产生系数

（一）经验参数

　　收集猪场和牛场的养殖废水排泄相关参数，主要是根据清粪方式统计的畜禽养殖场的废水产生系数。徐谦等对北京市规模化养殖场单位用水和不同清粪方式下养猪场的废水产生系数进行总结，见表 2-10。甘露等（2006）总结了不同清粪工艺的猪场污水水量，见表 2-11。

表 2-10　规模化畜禽养殖场单位用水与废水产生系数

单位：kg/（头·d）、kg/（只·d）

种类	用水和清粪方式	用水系数	废水产生系数
猪	水冲粪	25	18

（续）

种类	用水和清粪方式	用水系数	废水产生系数
	干捡粪	15	7.5
肉牛	—	40	20
奶牛	—	80	48
蛋鸡	水冲粪	1	0.7
蛋鸡和肉鸡	干捡粪	0.5	0.25

表 2-11　不同清粪方式下养猪场的废水产生量参考范围

单位：kg/（头·d）

清粪方式	水冲清粪	水泡清粪	干式清粪
废水量	35～40	20～25	10～15

（二）推荐取值范围

通过对收集的畜禽粪尿排泄相关参数的对比，给出了我国畜禽废水日排泄量的推荐合理范围，见表 2-12。

表 2-12　畜禽养殖业废水排泄量参考范围

单位：kg/（头·d）、kg/（只·d）

项目	奶牛	肉牛	猪			蛋鸡		肉鸡
			水冲清粪	水泡清粪	干式清粪	水冲粪	干捡粪	
养殖废水	48	20	18～40	20～25	7.5～15	0.7	0.25	0.25

三、粪便中的污染物成分及含量

（一）经验参数

粪便中的污染物成分及含量的测定，国内外已有较多研究。畜禽粪便的污染物含量与养殖品种、生理状态、饲料组成、饲喂方式及气候条件关系很密切，因此粪尿中有机质、氮、磷含量是一个动态数据。但从长时期来看，其含量基本稳定。

彭里等对国内外已开展的研究进行总结，见表2-13和表2-14。其他污染物含量参考《关于减免家禽业排污费等有关问题的通知（环发〔2004〕43号）》中推荐的数据，见表2-15。

表2-13　国内外畜禽粪尿中 N、P 含量汇总　单位：%

项目	TN	TP
牛粪	0.3～0.5	0.1～0.34
牛尿	0.56～1.0	0.01～0.1
猪粪	0.56～0.97	0.41～1.16
猪尿	0.39～0.5	0.05～0.07
禽粪	1.03～1.76	0.46～1.54

表2-14　畜禽粪便中污染物平均含量　单位：kg/t

畜种		TN		TP	
		粪	尿	粪	尿
奶牛	挤奶牛	3.36	11.40	0.94	0.097
	未经产	1.30	9.48	0.54	0.62
	成牛	4.77	10.94	0.82	0.21
肉牛	2岁未满	3.81	9.54	0.80	0.11
	2岁以上	3.135	12.43	0.79	0.10
	乳用种牛	3.59	10.61	0.75	0.097
猪	育肥猪	3.95	6.82	3.10	0.58
	繁殖猪	3.33	5.71	3	0.81
蛋鸡	仔鸡	26.10	—	3.56	—
	成鸡	24.12	—	4.26	—
肉用鸡		20.15	—	2.23	—

总结经验数据，可以看出相同种类或不同种类的畜禽粪便COD、氮、磷含量存在较大差异，各种畜禽粪尿中 COD、BOD、NH_3-N 的含量较稳定，但含氮量和含磷量范围变化较大。一般粪中的氮、磷含量差异很大，而尿中氮、磷含量变化不大。

表 2-15   畜禽粪便中污染物平均含量   单位：kg/t

项目	COD	BOD	NH_3-N	TP	TN
牛粪	31.0	24.53	1.7	1.18	4.37
牛尿	6.0	4.0	3.5	0.40	8.0
猪粪	52.0	57.03	3.1	3.41	5.88
猪尿	9.0	5.0	1.4	0.52	3.3
鸡粪	45.0	47.9	4.78	5.37	9.84

（二）参考范围

作为参考，列出了我国畜禽粪尿中污染物含量的合理范围，见表 2-16。

表 2-16   基于文献资料确定的畜禽粪便中污染物平均含量范围

单位：kg/t

项目	COD	BOD	NH_3-N	TP	TN
牛粪	31.0	24.53	1.7	0.54～87.4	1.30～41.3
牛尿	6.0	4.0	3.5	0.1～1.0	4.8～12.43
猪粪	52.0	57.03	3.1	3～90.5	2.0～51.9
猪尿	9.0	5.0	1.4	0.5～1.2	2.3～6.82
禽粪	45.0	47.9	4.78	2.23～67.5	6.0～48.5

四、废水中的污染物成分及含量

（一）经验参数

养殖场废水，主要由尿液、饲料残渣夹杂粪便及圈舍冲洗水组成，其中冲洗水及尿液占了绝大部分。养殖场废水中污染物浓度高（微生物、悬浮物、有机物含量高），水质不稳定，水质情况汇总见表2-17、表2-18。

表2-17　养殖场废水水质　　单位：mg/L

项目	COD	BOD$_5$*	TN	TP	SS
猪场废水	2 000~20 000	380~30 000	21.94	1.83	240~620
奶牛场废水	4 000~13 000	90 000~140 000	500~1 000	—	>600

* 引自英国数据。

表2-18　各类养殖场废水中污染物浓度　　单位：mg/L

种类	清粪方式	COD	NH$_3$-N	TN	TP
猪	水冲粪	21 600	5 900	8 050	1 270
	干捡粪	2 640	261	370	43.5
肉牛	干捡粪	887	22.1	41.4	5.33
奶牛	干捡粪	6 820	34.0	45.0	12.6
蛋鸡	水冲粪	6 060	261	3 420	31.4

另外，不同方式的清粪工艺对污水总量和污染物浓度有很大影响。一般来说采用干式清粪工艺的养殖场，其产生的废水总量最少，水中污染物浓度最低，以猪场废水为例，见表2-19。

表2-19　不同清粪方式下养猪场废水的水质

单位：mg/L

废水种类	水冲清粪	水泡清粪	干式清粪
BOD$_5$	7 700~88 000	1 230~15 300	3 960~5 940
COD	1 700~19 500	2 720~34 000	8 790~13 200
SS	1 030~11 700	164~20 500	3 790~5 680

另外，对养殖废水中的病源微生物进行了统计，见表2-20。

表 2 - 20　各类养殖场废水中病源微生物含量

单位：个/ml

种类	粪大肠菌群数	细菌总数
猪场废水	17 000	$10^5 \sim 10^7$
养殖场废水	2.4×10^5	——

（二）参考范围

作为参考，本研究列出了我国畜禽养殖业废水中污染物含量的合理范围，见表 2 - 21。

五、畜禽养殖场的恶臭污染物排放量

养殖场恶臭主要是来自畜禽的粪尿、污水、垫料、饲料残渣、畜禽的呼吸气体、畜禽皮肤分泌物、死禽死畜等，并与养殖舍的通风状况和空气中的悬浮物密切相关，其中畜禽粪尿和污水是养殖场恶臭的主要发生源。

由养殖场恶臭的产生源可知，畜禽养殖场的恶臭排放源属于无组织排放源，因此要准确测定恶臭污染物的含量和排放强度存在一定的困难。

经验数据

养殖场的恶臭气味源于多种气体，其组分非常复杂。田中博等（1979）分析出畜舍及牛、猪、鸡粪中恶臭成分在牛粪尿中有94 种，猪粪尿中有 230 种，鸡粪中有 150 种。通常认为养殖场的恶臭主要是由氨气、硫化氢、挥发性脂肪酸所引起的。对畜禽场恶臭气体的成分进行了鉴定，发现臭味化合物有 168 种，其中30 种臭味化合物的阈值≤0.001mg/m³。

因此，目前只有个别监测站对畜禽养殖场内及场外一定范围内的空气环境质量进行监测（表 2 - 22、表 2 - 23）。

表 2-21 各类养殖场废水中污染物浓度参考范围

单位：mg/L

种类	清粪方式	COD	NH_3-N	TN	TP	pH	粪大肠菌群数（个/mL）
猪	水冲粪	$1.56 \times 10^3 \sim 4.68 \times 10^4$	$127 \sim 5.9 \times 10^3$	$141 \sim 8.05 \times 10^3$	$32.1 \sim 1\,270$	$6.30 \sim 7.50$	
	水泡粪	$2.72 \times 10^3 \sim 3.4 \times 10^4$					
	干捡粪	$2.51 \times 10^3 \sim 1.32 \times 10^4$	$234 \sim 288$	$21.97 \sim 423$	$1.83 \sim 52.4$		
肉牛	干捡粪	887	22.1	41.1	5.33		
奶牛	干捡粪	$918 \sim 1.3 \times 10^4$	$34.0 \sim 60.4$	$45.0 \sim 1\,000$	$12.6 \sim 20.4$	$7.10 \sim 7.51$	2.4×10^5
蛋鸡	水冲粪	$2.74 \times 10^3 \sim 1.05 \times 10^4$	$70.0 \sim 601$	$97.5 \sim 3\,420$	$13.2 \sim 59.4$	$6.53 \sim 8.49$	
蛋鸡和肉鸡	干捡粪	27	1.85	4.7	0.139	7.39	

由表中数据可以看出，对于畜禽养殖场恶臭及其污染成分的监测结果存在很大差异，这主要是由于恶臭物质的监测结果受监测方法、监测时间和气象条件的影响较大。另外，不同的养殖场规模、清粪方式、堆粪量等都会对畜禽养殖场恶臭污染物的浓度产生影响。

表 2-22　畜禽养殖业环境空气中恶臭污染的主要成分和含量

项目	单位	场区	场区外 100m
		蛋鸡	奶牛
氨气	mg/m³	0.050～0.105	0.069～0.147
硫化氢	mg/m³	0.000 6	0.000 5～0.000 8
臭气浓度	—	33	29～30

表 2-23　猪场空气中氨浓度　　　　单位：mg/m³

季节	产区中心	下风向
春季	7.40～9.40	3.10～4.60
夏季	1.10～1.40	0.80～1.60
冬季	0.60～1.70	0.50～1.50
平均值	3.00～4.20	1.90～2.10

六、畜禽养殖业污染物的换算方法

（一）猪粪当量法

不同种类的畜禽粪便中污染物含量存在较大差异，在实际计算中，通常根据各类畜禽粪便的含氮量，将各种畜禽粪便统一换算成猪粪当量，然后叠加成猪粪总量，从而用可比性强又符合实际的畜禽粪便猪粪当量负荷来统计研究区的畜禽粪便负荷量。

为得到可靠的猪粪当量换算系数，通过查阅文献总结有关文献中的相关参数（表2-24）。

表2-24 各类畜禽粪便猪粪当量换算系数

项目	猪粪	猪尿	牛粪	牛尿	家禽
猪粪当量换算系数	1	0.57	0.69	1.23	2.10

此外，根据基于文献资料确定的畜禽粪便中污染物平均含量范围数值，计算出了各类畜禽粪便含氮量及换算成猪粪当量的系数范围（表2-25）。

表2-25 各类畜禽粪便含氮量及换算成猪粪当量换算系数的合理范围

项目	猪粪	猪尿	牛粪	牛尿	鸡粪
换算系数	1.0	0.50～0.57	0.14～1.81	0.21～0.35	0.26～2.13

（二）养殖量换算法

将其他畜禽按一定关系折合为猪的数量，这种方法的提出是基于在我国大部分地区，猪的养殖在畜禽养殖业中占着很大的比重，以猪的头数来衡量畜禽养殖业的数量同时，猪粪在我国普遍使用，农民能掌握其农田投入量，已有人提出将各种畜禽粪统一换算成猪粪单位。一头大牲畜大约相当于5个猪单位，2只羊和30只鸡分别相当于一个猪单位，即：1头猪＝1/5牛＝2羊＝30鸡/鸭。在《畜禽养殖业污染排放标准》中对畜禽养殖业规模进行界定时，对具有不同畜禽种类的养殖场和养殖区，其规模可将鸡、牛的养殖量换算成猪的养殖量，换算比例为：30只蛋鸡折算成1头猪，60只肉鸡折算成1头猪，1头奶牛折算成10头猪，1头肉牛折算成5头猪。

七、畜禽养殖业污染物的产生总量

计算畜禽粪便的年产生量通常是根据主要畜禽即牛、猪、家

表2-26 畜禽养殖粪便污染物产生量核算表

项目		奶牛	肉牛	猪	蛋鸡	肉鸡
饲养天数 (d)		365	365	180~199	210~365	55
粪便产生总量 (t/头、t/只)	粪	4.64~16.6	6.5~7.3	0.27~0.995	0.021 6~0.049 6	0.003 3~0.007 15
	尿	2.19~9.125	2.37~3.65	0.36~1.39	—	—
	合计	6.89~25.73	8.87~10.95	0.63~2.385	0.021 6~0.049 6	0.003 3~0.007 15
	平均	16.33	9.91	1.47	0.041	0.005 8
COD (kg/头、kg/只)	粪	143.8~514.6	201.5~226.3	14.04~51.74	0.970~2.23	0.15~0.32
	尿	13.14~54.75	14.22~21.9	3.24~12.51	—	—
	合计	156.94~569.35	215.72~~248.2	17.28~64.25	0.970~2.23	0.15~0.32
	平均	363	232	40.8	1.6	0.235
BOD (kg/头、kg/只)	粪	113.8~407.2	159.4~179.1	15.4~56.7	1.025~2.38	0.16~0.34
	尿	8.76~36.5	9.48~14.6	1.8~6.95	—	—
	合计	122.56~443.7	168.88~193.7	17.2~63.65	1.025~2.38	0.16~0.34
	平均	283	181.3	40.4	1.7	0.25

（续）

项目		奶牛	肉牛	猪	蛋鸡	肉鸡
NH$_3$-N (kg/头、kg/只)	粪	7.89~28.22	11.05~12.41	0.837~3.08	0.103~0.24	0.016~0.034
	尿	7.67~31.94	8.3~12.78	0.504~1.946	—	—
	合计	15.56~60.16	19.35~25.29	1.34~5.03	0.103~0.24	0.016~0.034
	平均	37.86	22.32	3.18	0.17	0.025
总氮量 (kg/头、kg/只)	粪	2.51~1 450.8	3.51~638	0.81~90	0.048 7~3.35	0.007 4~0.48
	尿	0.219~9.125	0.237~3.65	0.18~1.67	—	—
	合计	2.729~145 9.9	3.35~641.65	0.99~91.67	0.048 7~3.35	0.007 4~0.48
	平均	731.3	322.5	46.33	1.7	0.24
总磷量 (kg/头、kg/只)	粪	6.03~686.1	8.45~301.5	0.54~51.6	0.129~2.41	0.019 8~0.35
	尿	10.5~113.4	11.4~45.4	0.83~9.5	—	—
	合计	16.53~799.5	19.85~346.9	1.37~61.1	0.129~2.41	0.019 8~0.35
	平均	408	188.4	31.2	1.27	0.18

表2-27 畜禽养殖业废水及其污染物产生量核算表

项目		奶牛	肉牛	猪			蛋鸡		肉鸡
				水冲清粪	水泡清粪	干式清粪	水冲粪	干捡粪	
饲养天数 (d)		365	365	180~199			210~365		55
废水产生总量(t/头、t/只)	范围	17.52	7.3	3.58~7.96	3.98~5.0	1.49~2.99	0.15~0.26	0.053~0.091	0.014
	平均	—	—	5.77	4.49	2.24	0.21	0.072	0.014
COD(kg/头、kg/只)	范围	16.08~227.8	6.475	5.58~372.5	10.8~170	3.74~39.5	0.41~2.73	1.4×10^{-3}~2.5×10^{-3}	3.8×10^{-4}
	平均	121.94	—	189.04	90.4	21.6	1.57	1.95×10^{-3}	—
NH₃-N(kg/头、kg/只)	范围	0.596~1.06	0.161	0.455~46.96	0.506~29.5	0.349~0.861	0.011~0.156	9.8×10^{-5}~1.68×10^{-4}	2.6×10^{-5}
	平均	0.828	—	23.7	20.4	0.605	0.08	1.33×10^{-4}	—
总氮量(kg/头、kg/只)	范围	0.788~17.52	0.3	0.505~64.1	0.561~40.3	0.033~1.26	0.014 6~0.88 9	2.49×10^{-4}~4.28×10^{-4}	6.6×10^{-5}
	平均	9.154	—	32.3	20.43	0.65	0.45	3.4×10^{-4}	—
总磷量(kg/头、kg/只)	范围	0.221~0.357	0.389	0.115~10.1	0.128~6.35	0.002 74~0.157	0.002~0.015	7.4×10^{-6}~5.9×10^{-5}	1.95×10^{-6}
	平均	0.289	—	5.1	3.24	0.08	0.008 5	3.32×10^{-5}	—

禽的粪尿以及氮磷排泄系数、饲养天数及粪便和养殖废水中的污染物含量，然后进行估算，从而得到畜禽产生和排放的粪尿氮磷污染物总量。

根据畜禽养殖业污染物的日排泄系数及污染物含量的参考范围，分别计算出畜禽养殖业粪便和废水及其污染物的产生总量的参考范围，为以后畜禽养殖业环境评价工作中的应用提供参考数据（表 2-26、表 2-27）。

参 考 文 献

白明刚.2010. 河北畜禽养殖业污染评价及对策研究，硕士论文. 河北农业大学.

甘露，马君，李世柱.2006. 规模化畜禽养殖业环境污染问题与防治对策. 农机化研究（6）：22-23.

国家环境保护总局.2009. 畜禽养殖业污染治理工程技术规范. HJ 497—2009.

国家环境保护总局自然生态保护司主编.2002. 全国规模化畜禽养殖业污染情况调查及防治对策. 北京：中国环境科学出版社.

国家统计局农村社会经济调查司.2008. 中国农村统计年鉴.2008. 北京：中国统计出版社.

黄沈发，陈长虹，贺军峰.1994. 黄浦江上游汇水区禽畜业污染及其防治对策. 上海环境科学，13（4）：4-8.

李民.2001. 规模化畜禽养殖场粪污污染与防治措施. 农业科技通讯（10）：22-23.

刘培芳，陈振楼，许世远，等.2002. 长江三角洲城郊畜禽粪便的污染负荷及其防治对策. 长江流域资源与环境，11（5）：456-460.

马林，王方浩，马文奇，等.2006. 中国东北地区中长期畜禽粪尿资源与污染潜势估算. 农业工程学报，22（8）：170-174.

农业部主编，2007. 农业和农村节能减排十大技术. 北京：中国农业出版社.

全国生猪优势区域布局规划（2008—2015 年）. http：//animal. aweb.

com. cn/2009/0223/3114105759940. shtml

全国水环境容量核定技术指南 . 2003. 中国环境规划院 .

沈根祥，汪雅谷，袁大伟 . 1994. 上海市郊大中型畜禽场数量分布及粪尿处理利用现状 . 上海农业学报，10（曾刊）：12 - 16.

司智陟 . 2008. 改革开放 30 年我国畜牧业生产区域分布变化情况 . 当代畜牧（7）：1 - 2.

徐谦，朱桂珍，向俐云，等 . 2002. 北京市规模化畜禽养殖场污染调查与防治对策研究 . 农村生态环境，18（2）：24 - 28.

畜禽养殖业污染排放标准 . GB18596—2001.

杨俊，刘治国，陈天云 . 2003. 宁夏畜禽养殖业标准化生产示范区环境质量现状评价 . 宁夏农林科技（3）：16 - 18.

张克强，高怀友 . 2004. 畜禽养殖业污染物处理与处置 . 北京：化学工业出版社 .

中国畜牧业协会发布畜牧业区域分布 . http://www. caaa. cn/show/news-article. php? ID=856.

第三章 畜禽养殖业污染物进入 环境的途径及排污系数

第一节 畜禽养殖业污染物 进入环境的途径

一、畜禽养殖业污染物产生环节

要掌握畜禽污染物进入环境的途径，首先要了解畜禽养殖过程产生的污染源和污染物。畜禽养殖业主要环境污染源为养殖废水及畜禽粪尿这些污染物在贮存、运输、处理处置等环节都会形成新的污染源，即二次污染源。畜禽粪便在堆肥处理过程中产生恶臭废气、渗滤液等新的污染源和污染物；养殖废水在处理过程中产生恶臭废气、污泥等污染物，这些二次污染物如果处理不好也可能对环境造成二次污染。畜禽养殖业污染物产生环节，见图3-1。

表3-1 不同畜禽养殖种类主要污染源

畜禽种类	污染源类别	干清粪	水冲粪	水泡粪
生猪	废水污染源	—	猪舍粪尿与废水混合物	猪舍产生的粪尿与废水混合物
	大气污染源	猪舍、贮粪场、堆肥场恶臭废气	猪舍、废水储存池及处理设施	猪舍、废水储存池及处理设施
	固体废物	猪粪尿、猪舍垫料及病死猪	猪粪尿、猪舍垫料及病死猪	猪粪尿、猪舍垫料及病死猪
奶牛 肉牛	废水污染源	挤奶厅废水	挤奶厅废水、牛舍冲洗废水	
	大气污染源	牛舍、贮粪场、堆肥场恶臭废气	牛舍、贮粪池、废水处理设施恶臭废气	—
	固体废物	牛粪尿、牛舍垫料及病死牛	牛粪尿、牛舍垫料及病死牛	

（续）

畜禽种类	污染源类别	干清粪	水冲粪	水泡粪
	废水污染源	—		
禽类	大气污染源	禽舍、贮粪场恶臭废气		—
	固体废物	禽粪便、病死禽		

畜禽养殖采取不同的清粪工艺产生的污染源不同，结合目前国内养殖通常采用的三种清粪工艺，畜禽养殖业污染源按环境要素分为大气污染源、废水污染源和固体废物污染源，畜禽养殖业

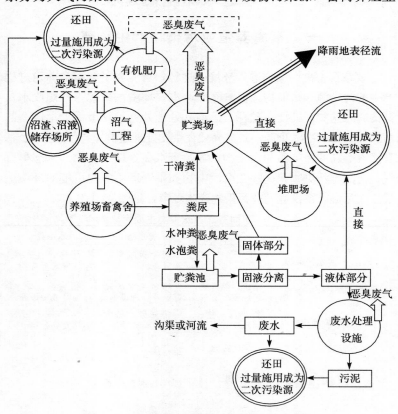

图 3-1　畜禽养殖业污染物产生环节示意图

污染源总结后归纳如表 3-1 所示，各类污染源中的主要污染物
列于表 3-2。

表 3-2　各类污染源的主要污染物

污染源种类	主要污染物或污染因子
废水污染	COD、BOD、氨氮、总磷、总氮、大肠菌群数、细菌总数
大气污染	硫化氢、氨气、臭气浓度
粪尿	COD、BOD、氨氮、总磷、总氮、大肠菌群数、细菌总数

二、畜禽养殖业粪便进入环境的途径

畜禽粪便从产生到最终进入环境整个过程包括粪便的收集、
运输、贮存、处理处置等环节，针对不同种类畜禽在不同的环境
管理水平下，归纳了国内目前常用的畜禽粪便的收集、贮存、处
理处置等环节污染物进入环境的途径。

（一）畜禽粪便储存环节进入环境的途径

目前，我国规模化畜禽养殖通常采用的清粪工艺主要有干清
粪、水泡粪清粪和水冲式清粪三种。据调查，全国范围内养猪场
以这三种清粪工艺为主，而养鸡场、养牛场则以干清粪工艺为主。

从畜禽舍清出的固体和半固态粪便利用运输工具从畜禽舍输
送至贮粪场进行处理，液态粪便一般利用地下管道输送进入贮粪
池。目前国内大部分养殖单位的贮粪场均无防淋、防渗设施，粪
便通过降雨淋溶和渗滤进入水环境。贮粪场堆放的粪便渗滤液通
过下渗的方式污染土壤和地下水；雨季，堆放的粪便如不能及时
清运，易发生雨水冲刷，粪便随雨水产生地表径流污染地表水。
在畜禽养殖过程中，畜禽粪便排泄和粪污贮存中，产生氨气、硫
化氢等恶臭污染物。有资料表明，动物排放出的氨气占全球总量
的 50%，美国约 80%，欧洲达到 90%。

不同养殖场采取不同的清粪工艺后，畜禽粪便的储存环节在采取不同的环保措施的情况下，畜禽粪便中污染物进入环境的途径和危害归纳于表3-3。

表3-3 畜禽粪便的储存方式及其污染物进入环境的途径汇总

污染源	清粪工艺	储存方式	环保措施	进入环境的途径	去向	影响与危害
畜禽粪便	干清粪	贮粪场	无防渗、防淋设施	降雨、冲刷形成地表径流	进入地表水	地表水富营养化
					进入土壤	污染土壤、降低农产品品质
				发酵挥发恶臭物质	进入空气	污染空气环境
				渗漏、淋溶	进入地下水	污染地下水、危害人群健康
			有防渗、防淋设施	切断了进入环境的途径	—	
	水冲粪、水泡粪	贮粪池	无防渗、防淋设施	降雨溢流形成地表径流	进入地表水	地表水富营养化
					进入土壤	污染土壤、降低农产品品质
				发酵挥发恶臭物质	进入空气	污染空气环境
				渗漏、淋溶	进入地下水	污染地下水、危害人群健康
			有防渗、防淋设施	切断了进入环境的途径	—	

清粪工艺不同，形成的污染物不同，对污染物的处置也不同。畜禽粪尿进入冲洗水，形成高浓度有机废水。畜禽粪尿采用干湿分离，形成固体废物。畜禽养殖废水和固体粪便污染物不相同，采取不同的工艺处理处置，中间形成的新污染源污染物也不同，且处理设施投资、处理设施运行费用以及影响环境的途径和影响程度也不同。

根据国家现行的有关畜禽污染防治的法律法规和管理办法，

畜禽粪便等固体废物实行减量化的原则，国家鼓励畜禽养殖场实施"雨污分离、干湿分离、粪尿分离"等手段削减污染物的排放总量，减少处理和利用的难度，从而降低处理成本，为实施资源化利用和提高治理效果创造条件。

（二）养殖场粪便污染物进入环境的途径

畜禽粪便中含有大量的有机质和氮磷钾等植物必须的营养元素，但也含有大量的微生物和寄生虫。因此，只有经过无害化处理，消灭病原微生物和寄生虫、卵，才能使畜禽粪便变废为宝，转化为宝贵的有机肥资源。有机肥合理施用于农田不仅可减轻畜禽污染物对环境的污染，还可提高土壤肥力，改善土壤结构。

畜禽粪便经过资源化、无害化处理后可以作为有机肥还田，这是畜禽粪便最好的处置方式。根据畜禽粪便处理方法不同，可把畜禽粪便还田分为直接还田和处理后还田两种。

1. 直接还田　畜禽粪便经过简单堆沤后直接还田，这种方法是把贮粪场或贮粪池中的固态粪便直接用于耕地做底肥，使其在土壤微生物作用下氧化分解成可以被作物直接吸收的养分。这种处理方法简单，但因为粪便没有经过无害化处理，容易造成环境污染和疾病传播，施入农田的畜禽粪尿量大于土壤的最大纳污能力时，超出了土壤的自净能力，对土壤环境产生直接影响；另外，通过地表径流和地下渗漏进入水体，对地表水和地下水造成间接影响和累积影响，表现为氮磷及有机污染物进入地表水造成有机污染，导致地表水富营养化；畜禽粪便中的病原微生物进入水体可能造成疾病传播。

由于资金的短缺、环保意识不强、管理不到位等诸多因素，几乎大部分畜禽养殖场在建场时均未能按环保要求投资建造防止畜禽粪便污染环境的环保设施，使得粪便在堆放、运输、处理处置过程中因污染物流失而可能污染环境。据统计，即使在畜禽养殖场粪污工程化治理比较好的北京和上海，工程化治理措施处理的粪便、污水量仅占排放量的 3% 和 4%，也存在着大量粪污未经处理直接排放对周围环境的严重污染问题。

2. 处理后还田

（1）畜禽粪便的处理方法　目前，国内常用的畜禽粪便处理方法有干燥处理、堆肥化处理、沼气发酵等，见表 3-4。其中应用最多的是堆肥处理和干燥处理，国家目前鼓励畜禽养殖场发展以沼气工程为纽带的综合利用处理模式。

（2）畜禽粪便还田进入环境的途径　畜禽粪便经过资源化、无害化处理后可以作为有机肥还田，无害化和资源化的处理后污染物进入环境的途径及其影响与危害，见表 3-4。

表 3-4　畜禽粪便的处理方式及其污染物进入环境的途径汇总

粪便的处理处置方法			进入环境的途径	影响
处理措施	处理效果	处置方法		
无处理	简单堆沤	直接还田	总磷、总氮等污染物经降雨冲刷形成地表径流进入地表水，降雨或灌溉渗漏淋溶进入地下水；在粪便处理过程中挥发氨气、硫化氢等恶臭废气	环境污染和疾病传播
干燥法进行无害化处理	降低含水率，除臭灭菌	还田		灭菌不彻底，产生二次污染
堆肥后生产有机肥	微生物降解腐熟、灭菌	还田		提高土壤肥力，改善土壤结构
沼气发酵	沼气为纽带综合利用	沼气作燃料，沼渣沼液作肥料还田		改良土壤，有利于发展生态农业，生产有机食品
外售	—	异地还田		

畜禽粪便经过资源化、无害化处理后可以作为有机肥还田，是畜禽粪便实现资源化的最佳处置方式。但是，如果施入土壤中的有机肥量超出了作物生长的需要，且已经大于土壤的最大消纳能力时，粪便中的有机物及氮、磷等物质不但会对土壤环境产生直接影响，还会通过地表径流和地下渗漏的方式对地表水和地下水造成间接影响和累积影响。

3. 外售（异地还田） 当畜禽粪便的产生量超过当地的土地消纳能力，可以通过运输销售实现异地还田。目前设施农业蓬勃兴起需要大量的营养物质，而畜禽粪便正好符合此类需求。异地还田的方式有两种：一是畜禽粪便由专人收购，一般由农用车运送至需要大量农家肥的设施农业发达的地区，卖给设施蔬菜种植者，堆肥后作为有机肥施用。二是在养殖密集的地区，由养殖场或有机肥生产中心将粪便收集起来，采用无害化、资源化处理方法，制成优质有机肥外售。这样延伸了畜禽粪便的利用范围，使得区域内的畜禽养殖业规模可以适当的扩大。

三、畜禽养殖业废水处理处置措施及去向

养殖场所在的地理环境特征是决定养殖废水去向的重要因素。根据养殖场所处的地理环境特征，将养殖场分为北方农区养殖场和南方水网地区养殖场两大类。

北方农区养殖场农牧结合较好，养殖场自己配套农用地，养殖过程产生畜禽粪便和废水可以由自己的耕地消纳解决。南方水网地区养殖场即南方河流较多的地区的养殖场，当地水资源丰富，一般清粪采取水冲粪或水泡粪的清粪工艺，因此，养殖场的粪污主要为液态或半液态的含粪废水，废水无害化和资源化处理后可还田或达标排放。

影响养殖场采用何种工艺处理畜禽养殖业废水的因素很多，包括养殖场周围的环境特征、清粪工艺、养殖场的资金实力、养殖废水的去向等。养殖场废水的处理工艺虽然多种多样，但是，处理后废水的去向一般包括还田、循环利用、排入河流及湖泊等地表水体以及排入坑渠或鱼塘等。养殖场周围环境特征对养殖废水中污染物的最终去向至关重要。畜禽养殖业废水的处理方法、处理后去向及进入环境的途径，见表 3-5。

表 3-5　畜禽养殖场废水的处理处置方法

处理方法	处置去向	进入环境的途径
直接还田	—	直接影响：直接进入土壤（还田）或直接排入地表水环境（排放）
土地处理系统	直接还田灌溉	
人工湿地处理系统	处理后还田灌溉	间接影响：通过地表水渗漏污染地下水，通过还田灌溉污染土壤环境，通过淋溶进入影响地下水环境
好氧生物处理法	直接排入地表水体	
厌氧处理法	处理后排入地表水体	
厌氧—好氧联合处理法	排入农灌沟渠蒸发、渗漏	
沼气综合利用工程	—	

（一）畜禽废水的处理处置方法

畜禽养殖场废水的处理具有如下特点：一是养殖场排水量较大，而农业生产是季节性的，周围农田无法全部消纳；二是冲洗栏舍的时间相对集中，冲击负荷大；三是废水中固液混杂，有机质浓度高，而且黏稠度大；四是畜禽养殖业利润较低，养殖场主没有足够的资金用于处理废水，也难以承受过高的废水处理运行费用。因此，这就为高浓度的养殖场有机废水的处理处置增加了难度，必须研究出投资少、运行成本低、处理效果好、管理方便的处理技术。

畜禽有机废水的处理方法有很多，目前常采用的方法有自然生物处理法、好氧处理法、厌氧处理法、厌氧—好氧联合处理、沼气生态工程等。畜禽养殖业废水常用的处理方法及去向汇总整理后列于表 3-6。

自然生物处理法包括水体净化法和土体净化法两类，前者包括氧化塘和养殖塘；后者包括土地处理和人工湿地等。好氧处理法包括活性污泥法、生物滤池、生物转盘、生物接触氧化、序列间歇式活性污泥法（SBR）、A/O 及氧化沟等。一般说，好氧处理法其 COD、BOD、SS 去除率较高，可达到排放标准，但氮、磷去除率低，且工程投资大，运行费用高；厌氧处理法处理高浓度有机废水，自身能耗少，运行费用低，且产生能源，但 BOD 处理效率低，难以达到排放标准，且产生硫化氢、氨气等恶臭污染物。厌氧—好氧联合处理工艺投资少，运行费用低，净化效果好，综合效益高，出水可回用于农田灌溉、养殖或达标排放。沼气生态工程一次性投资大；但自身耗能少，运行费用低，具有经济效益。该方法由于具有综合效益，目前在国内应用逐渐增多。

表 3-6　畜禽养殖业废水常用的处理方法及废水的去向

处理分类	处理措施处理工艺或关键处理单元	去向
无处理	污水直接灌溉农田	废水直接还田
自然生物处理法	氧化塘和养殖塘 土地处理和人工湿地等	出水还田或排入地表水
好氧处理法	氧化塘、土地处理、活性污泥法、生物滤池、生物转盘、生物接触氧化、SBR、A/O 及氧化沟等	出水还田或排入地表水，产生的污泥还田
厌氧处理法	厌氧滤器（AF）、上流式厌氧污泥床（UASB）、污泥床滤器（UBF）、升流式污泥床反应器（USR）、两段厌氧消化法	出水还田或排入地表水，产生的沼气作为能源
厌氧—好氧联合处理	厌氧污泥床（UASB）+生物接触氧化或活性污泥法+氧化塘	出水灌溉、养殖或达标排入地表水，产生的沼气作为能源
沼气生态工程	沼气池+生物接触氧化或氧化塘	出水灌溉、养殖或达标排入地表水，沼气作为能源，沼渣、沼液可作为肥料、养鱼饲料和栽培介质

（二）畜禽养殖业废水去向

1. 直接还田进入土壤　直接还田即养殖废水未经处理直接排入农田，废水水质超过农灌水质标准，废水水质的显著特点就是含有高浓度的有机物质及废水中病原微生物超标。

直接还田的直接影响表现为高浓度污水还可导致土壤孔隙堵塞，造成土壤透气、透水性下降及板结，严重影响土壤质量。间接影响是高浓度的畜禽养殖业污水长期用于灌溉，会使作物陡长、倒伏、晚熟或不熟，造成减产，有时甚至会毒害作物而出现大面积腐烂；此外，排入农田的废水中含有大量的有机物、氮、磷等营养元素，当施入量超出了土壤的自净能力和作物的生长需求后，除对土壤环境产生直接影响外，不可通过地表径流和地下渗漏进入水体，对地表水和地下水造成间接影响和累积影响。表现为氮磷及有机污染物进入地表水造成有机污染，导致地表水富营养化；畜禽粪便中的病原微生物进入地表水和地下水可能造成疾病传播，氮元素淋溶进入地下水造成地下水亚硝酸盐超标，导致地下水水质呈现毒性，可能危害人体和畜禽健康。

2. 处理后还田进入土壤　经过无害化处理后的养殖废水具有很高的肥效价值，可以作为农田灌溉用水或水池养殖鱼塘补充水。但排入农田的废水中含有大量的有机物、氮、磷等营养元素，当施入量超出了土壤的自净能力和作物的生长需求后，对土壤环境产生直接影响，通过地表径流和地下渗漏进入水体，对地表水和地下水造成间接影响和累积影响。

3. 面源流失进入土壤和地表水　面源流失指养殖废水未经处理直接排入沟渠，由于农田灌溉、下渗、蒸发散失殆尽，导致最终无法汇入湖泊、河流等地表水的现象。面源流失一般在北方农区小型养殖场、小型养殖小区和散养户出现较多，由于废水量较小，养殖场附近无地表水。未经处理的高浓度的养殖废水可通过下渗进入土壤和地下水，或经过灌溉还田进入土壤和地下水，造成土壤和地下水的污染。

4. 点源流失进入地表水　按照养殖场有无废水的处理措施分类，养殖场废水排入地表水分为直接排放、处理后达标排放和未达标排放三种类型。

（1）直接排放　养殖废水未经处理直接排入农田或排入地表

水，废水含有高浓度的有机物和 N、P 营养元素，以及某些病原微生物，流入河流和湖泊，直接影响是造成水体富营养化，水质受污染；间接影响是渗入地下，使地下水水质超标，污染地下水。

据调查，全国约 80％的规模化畜禽养殖场缺少必要的污染治理资金。含大量有机物和 N、P 营养元素的污水流入河流和湖泊，造成水体富营养化；渗入地下，使地下水中硝态氮、硬度和细菌总数超标。许多集中规模化畜禽养殖场地处居民区内，30％左右的养殖场距居民水源地不足 50m，50％的养殖场距居民住房或水源地不足 200m，对周围环境构成严重影响。

（2）处理后未达标排入地表水　养殖废水经过简易的污水处理设施处理，废水中的有机污染物、氮磷元素及生物学指标粪大肠菌群数和细菌总数虽然经过净化、消毒处理，但是净化效率不能满足排放标准要求，排水水质中存在一种或多种污染物不能符合《地表水质量标准》要求，可能会对水环境造成显著不利影响。

（3）处理后达标排放　养殖废水经过高效的污水处理设施处理，废水中的有机污染物、氮磷元素及生物学指标粪大肠菌群数和细菌总数均经过了净化、消毒处理，排水水质符合《地表水质量标准》要求，排入河流、湖泊不会对水环境造成显著不利影响。

第二节　畜禽养殖业污染物排污系数

受地理环境特征、畜禽种类、饲养规模、饲养方式、管理水平、畜舍结构和清粪方式、处理处置措施及去向等多种因素的影响，畜禽污染物（畜禽粪便和养殖废水）进入环境中的途径有差异，最终畜禽养殖业污染物进入环境的量也不同。

在假定区域畜禽种类、养殖规模一定的情况下，即畜禽粪尿和废水产生量一定，根据不同地理环境特征的区域，养殖场采取的各种粪污处理处置方法比例可确定的情况下，按照不同的畜禽粪污处理处置措施的处理效率计算污染物的削减量来核算单位畜禽粪便和废水中污染物的排污系数，再根据污染环境的途径累计进入大气、水、土壤环境中的污染物的量。

一、畜禽粪便中污染物的排放系数

（一）畜禽粪便中污染物排放系数的核算方法

针对国内目前常用的畜禽粪便的收集、贮存、处理处置方法，根据不同收集、贮存、处理处置方法对各种污染物的处理效率或流失率来核算单位畜禽产生的粪便中主要污染物总磷、总氮及粪大肠菌群数经处理处置后的排污系数，采用如下方法进行计算：

$$单位畜禽粪便排污系数 = \frac{单位畜禽粪}{便产污系数} - \frac{粪便处理处置}{过程流失量}$$

（二）各种畜禽粪便中污染物的产污系数

根据第二章有关单位畜禽粪便污染物的产污系数的研究结果，单位畜禽粪便中的污染物产污系数，见表 3-7。

（三）粪便处理处置过程中的流失量

1. 畜禽粪便污染物进入水环境的流失率　畜禽粪便中污染物在养殖场堆存及处理过程中极易流失进入水环境，查阅国内近 10 年公开发表的文献表明，在不同地区，不同管理水平下畜禽粪便的流失程度差异很大。据国家环境保护总局南京环科所（1997）对畜禽养殖场粪便流失情况进行的研究，从全国来看，畜禽粪便进入水体的流失率如表 3-8 所示：即畜禽粪便的流失率保持在 2%～8% 的水平上，而液体排泄物则可能达到 50%。

表 3-7　畜禽养殖业粪尿污染物年产生量核算表

单位：d·t/头、t/只

项目		奶牛	肉牛	猪	蛋鸡	肉鸡
饲养天数		365	365	180~199	210	55
粪尿总量	范围	8.98~23.69	8.87~10.95	0.756~2.19	0.012 4~0.06	0.003 3~0.008 25
	平均	16.335	9.910	1.473	0.041	0.006
COD	范围	156.94~569.35	215.72~248.2	17.28~64.25	0.558~2.23	0.15~0.32
	平均	363.145	231.960	40.765	1.610	0.235
BOD	范围	122.6~443.7	168.88~193.7	17.2~63.65	0.59~2.38	0.16~0.34
	平均	283.150	181.290	40.425	1.715	0.250
NH_3-N	范围	15.56~60.16	19.35~25.29	1.34~5.03	0.059~0.24	0.016~0.034
	平均	37.860	22.320	3.185	0.173	0.025
TN	范围	2.729~1 459.9	3.35~641.65	0.99~91.67	0.028~3.35	0.007 4~0.48
	平均	731.315	322.500	46.330	1.783	0.244
TP	范围	16.53~799.5	19.85~346.9	1.37~61.1	0.074~2.41	0.019 8~0.35
	平均	408.015	183.375	31.235	1.264	0.185

表 3-8　畜禽粪尿污染物进入水体流失率　　单位:%

项目	牛粪	猪粪	家禽粪	牛猪尿
COD	6.16	5.58	8.59	50
BOD	4.87	6.14	6.78	50
NH_3-N	2.22	3.04	4.15	50
TP	5.50	5.25	8.42	50
TN	5.68	5.34	8.47	50

另外，据上海市对集约化畜禽养殖场污染情况进行的调查表明：水网地区城郊型畜禽养殖场畜禽粪便进入水体的流失率甚至可达到 25%～30%（上海环保局，2000）。广东为 30%（杨国义等，2005），市郊多为 30%～40%。马林、王方浩等（2006）在研究东北地区畜禽粪尿流失率时，认为东北地区水系相对于东南沿海地区不发达，加之冬季寒冷，所以畜禽粪尿进入水体流失率比南方水网地区低，畜禽粪尿流失比例约 20%。杨晓春（2001）经过实地监测、调查，通过对规模化畜禽养殖场排污沟污水中污染物 COD 和氨氮的检测分析，确定银川市规模化养殖场的粪便进入水体的流失率为 25%左右。

根据全国不同地区的环境特征，将养殖场分为南方水网地区养殖场和北方养殖场两种类型，分别确定其粪尿流失率为南方水网地区养殖场畜禽粪尿流失比例为 30%～40%、北方养殖场畜禽粪尿流失比例为 10%～30%（表 3-9）。

表 3-9　畜禽粪尿污染物进入水体流失率推荐值　单位:%

养殖场类型	粪尿流失系数范围	平均值
南方水网地区养殖场	30%～40%	35%
北方农区养殖场	10%～30%	20%

2. 畜禽粪尿污染物进入环境空气的流失率 畜禽粪尿在畜禽舍排泄后及在堆存环节都会有氮的损失。Denmed 等认为有12‰的氮是畜禽在消化过程中以气态氮如氨气、氮气逸散的，国内鲜有研究报道。刘东（2008）等采用 RAINS 模型气体排放因子的计算方法对中国各种畜禽氨气的挥发系数进行研究，研究结果见表3-10。

表3-10 畜禽粪尿污染物进入空气环境的流失率

单位：%

挥发环节		氨气挥发系数	
		范围	平均值
畜禽舍	规模化养殖场	15～18	
	养殖小区或专业户	18	17
畜禽粪尿储存、堆肥处理	规模化养殖场	17～30	23.5
	养殖小区或专业户	84～94	89
畜禽粪尿储存、沼气发酵处理	规模化养殖场	2.7	2.7
	养殖小区或专业户	16/6	11

3. 畜禽粪便中污染物排放系数 畜禽粪便经过资源化、无害化处理后作为有机肥还田是畜禽粪便最终的处置方式，也是最佳的处置方法。在单位畜禽粪尿污染物的产污系数的基础上，畜禽粪尿中污染物经过贮粪场堆存及各种处理措施处理的情况下，单位畜禽排放的粪尿中污染物的排污系数，见表3-11 和表3-12。

（1）无处理（简单堆沤）直接还田 畜禽粪尿在无处理（简单堆沤）直接还田的情况下，畜禽粪尿污染物的损失途径包括在养殖场畜禽舍及贮粪场内堆存过程中流失进入水环境和氮素在消化过程中以气态氨的形式挥发两种，由于不同地区地理环境特征粪尿中污染物的流失率存在差异，因此把畜禽养殖场分为南方和北方两种类型。经计算，我国南方和北方的畜禽粪尿污染物的排放系数，见表3-11 和表3-12。

表 3-11 南方畜禽粪尿简单堆沤后染污物年排污系数

单位：d·t/头、t/只

项目		奶牛	肉牛	猪	蛋鸡	肉鸡
饲养天数		365	365	180~199	210	55
粪尿总量	范围	3.143~8.292	3.105~3.833	0.265~0.767	0.004~0.021	0.001~0.003
	平均	5.717	3.469	0.516	0.014	0.002
COD	范围	54.929~199.273	75.502~86.870	6.048~22.488	0.195~0.781	0.053~0.122
	平均	127.101	81.186	14.268	0.564	0.082
BOD	范围	42.910~155.295	59.108~67.795	6.020~22.278	0.207~0.833	0.056~0.119
	平均	99.103	63.452	14.149	0.600	0.088
NH_3-N	范围	12.915~49.933	16.061~20.991	1.112~4.175	0.049~0.199	0.013~0.028
	平均	31.424	18.526	2.644	0.144	0.021
TN	范围	2.265~1211.717	2.781~532.570	0.822~72.086	0.023~2.781	0.006~0.398
	平均	606.991	267.675	38.454	1.480	0.203
TP	范围	5.786~179.825	6.948~121.415	0.480~21.385	0.026~0.844	0.007~0.123
	平均	142.805	64.181	10.932	0.442	0.065

表3-12 北方畜禽粪尿简单堆沤后染物年排污系数

单位：t/头、t/只

项目		奶牛	肉牛	猪	蛋鸡	肉鸡
饲养天数 (d)		365	365	180~199	210	55
粪尿总量	范围	1.796~4.738	1.774~2.192	0.151~0.438	0.002~0.012	0.001~0.002
	平均	3.267	1.982	0.295	0.008	0.001
COD	范围	31.388~113.87	43.144~49.64	3.456~12.85	0.112~0.446	0.030~0.064
	平均	72.629	46.392	8.153	0.322	0.047
BOD	范围	24.520~88.74	33.776~38.74	3.440~12.73	0.118~0.476	0.032~0.068
	平均	56.630	36.258	8.085	0.343	0.050
NH_3-N	范围	4.520~17.476	5.621~7.347	0.389~1.461	0.017~0.070	0.005~0.01
	平均	10.998	6.484	0.925	0.050	0.007
TN	范围	0.793~424.101	0.973~186.399	0.288~26.63	0.008~0.973	0.002~0.139
	平均	212.447	93.686	13.459	0.518	0.071
TP	范围	3.306~159.90	3.970~69.38	0.274~12.22	0.015~0.482	0.004~0.07
	平均	81.603	36.675	6.247	0.253	0.037

表3-13 南方规模化养殖场畜禽粪尿干燥或堆肥后污染物年排污系数　单位：t/头、t/只

项目		奶牛	肉牛	猪	蛋鸡	肉鸡
饲养天数（d）		365	365	180~199	210	55
粪尿总量	范围	3.143~8.292	3.105~3.833	0.265~0.767	0.004~0.021	0.001~0.003
	平均	5.717	3.469	0.516	0.014	0.002
COD	范围	54.929~199.273	75.502~86.870	6.048~22.488	0.195~0.781	0.053~0.122
	平均	127.101	81.186	14.268	0.564	0.082
BOD	范围	42.910~155.295	59.108~67.795	6.020~22.278	0.207~0.833	0.056~0.119
	平均	99.103	63.452	14.149	0.600	0.088
NH_3-N	范围	9.880~38.199	12.286~16.056	0.851~3.194	0.037~0.152	0.010~0.222
	平均	24.039	14.172	2.022	0.110	0.016
TN	范围	1.733~926.924	2.127~407.416	0.629~58.206	0.018~2.127	0.005~0.305
	平均	464.348	204.771	29.417	1.132	0.155
TP	范围	5.786~179.825	6.948~121.415	0.480~21.385	0.026~0.844	0.007~0.123
	平均	142.805	64.181	10.932	0.442	0.065

表 3-14 北方规模化养殖场畜禽粪尿干燥或堆肥后污染物年排污系数 单位：t/头、t/只

项目		奶牛	肉牛	猪	蛋鸡	肉鸡
饲养天数（d）		365	365	180~199	210	55
粪尿总量	范围	1.796~4.738	1.774~2.192	0.151~0.438	0.002~0.012	0.001~0.002
	平均	3.267	1.982	0.295	0.008	0.001
COD	范围	31.388~113.87	43.144~49.64	3.456~12.85	0.112~0.446	0.030~0.064
	平均	72.629	46.392	8.153	0.322	0.047
BOD	范围	24.520~88.74	33.776~38.74	3.440~12.73	0.118~0.476	0.032~0.068
	平均	56.630	36.258	8.085	0.343	0.050
$NH_3\text{-}N$	范围	3.458~13.37	4.300~5.62	0.298~1.118	0.013~0.053	0.003 6~0.076
	平均	8.414	4.960	0.708	0.038	0.005 6
TN	范围	0.606~324.437	0.744~142.595	0.220~20.372	0.006~0.744	0.001 6~0.107
	平均	162.522	71.670	10.296	0.396	0.054 2
TP	范围	3.306~159.90	3.970~69.38	0.274~12.22	0.015~0.482	0.004~0.07
	平均	81.603	36.675	6.247	0.253	0.037

（2）干燥或堆肥处理后还田　畜禽粪尿在堆肥或干燥处理后还田的情况下，畜禽粪尿污染物的损失途径包括在养殖场畜禽舍及干燥或堆肥处理过程中流失进入水环境和氮素在消化过程中以气态氨的形式挥发两种。由于养殖规模的不同和地区地理环境特征的不同，畜禽粪尿中氮素污染物的流失率存在差异，因此，分别计算我国南方和北方地区规模养殖场畜禽粪尿干燥或堆肥后污染物的排放系数，见表 3 - 13 和表 3 - 14。

二、畜禽养殖废水中污染物的排放系数

（一）畜禽养殖废水中污染物排放系数的核算方法

针对国内目前常用的畜禽废水的固液分离、处理处置方法，根据不同固液分离设备、处理处置方法的污染物的处理效率或流失率来核算单位畜禽废水中主要污染物 COD、BOD、氨氮、总磷、总氮及粪大肠菌群数经处理处置后的排污系数，采用如下方法进行计算：

$$\begin{matrix}单位畜禽\\废水排污系数\end{matrix} = \begin{matrix}单位畜禽废水\\产污系数\end{matrix} \times \begin{matrix}废水处理削减\\效率（\%）\end{matrix}$$

（二）各种畜禽废水中污染物的产污系数

单位畜禽废水中的污染物产污系数，见表 3 - 15。

（三）畜禽养殖业废水中污染物排污系数

在单位畜禽废水污染物的产污系数的基础上，在考虑采用不同的废水处理措施的情况下，计算不同畜禽单位畜禽废水污染物的排污系数，计算结果见表 3 - 17 至表 3 - 23。

表3-15　畜禽养殖业废水及其污染物年产生系数核算表

单位：t/头、t/只

项目		奶牛	肉牛	猪			蛋鸡		肉鸡
				水冲清粪	水泡清粪	干式清粪	水冲粪	干捡粪	
废水总量	范围	17.52	7.3	3.58~7.96	3.98~5.0	1.49~2.99	0.15~0.26	0.053~0.091	0.014
	平均	—	—	5.77	4.49	2.24	0.21	0.072	0.014
COD	范围	16.08~227.8	6.475	5.58~372.5	10.8~170	3.74~39.5	0.41~2.73	1.4×10^{-3}~2.5×10^{-3}	3.8×10^{-4}
	平均	121.94	—	189.04	90.4	21.6	1.57	1.95×10^{-3}	—
$NH_3\text{-}N$	范围	0.596~1.06	0.161	0.455~46.96	0.506~29.5	0.349~0.861	0.011~0.156	9.8×10^{-5}~1.7×10^{-4}	2.6×10^{-5}
	平均	0.828	—	23.7	20.4	0.605	0.08	1.33×10^{-4}	—
TN	范围	0.788~17.52	0.3	0.505~64.1	0.561~40.3	0.033~1.26	0.014 6~0.889	2.5×10^{-4}~4.3×10^{-4}	6.6×10^{-5}
	平均	9.154	—	32.3	20.43	0.65	0.45	3.4×10^{-4}	—
TP	范围	0.221~0.357	0.389	0.115~10.1	0.128~6.35	0.002 74~0.157	0.002~0.015	7.4×10^{-6}~5.9×10^{-5}	1.95×10^{-6}
	平均	0.289	—	5.1	3.24	0.08	0.008 5	3.32×10^{-5}	—

注：以上污染物产生系数是基于废水固液分离之后的废水中污染物的产污系数。

表 3-16 常用的废水处理措施的污染物去除效率

单位:%

废水的处理措施	工艺流程或公建处理单元	主要污染物的去除效率					
		COD	BOD	NH_3-N	TN	TP	粪大肠菌群数
直接排放	无	—	—	—	—	—	—
消毒沉淀排放	消毒沉淀池	40	30	10	20	10	100
自然生物处理法	氧化塘和养殖塘+消毒	75	84	67	74	38	100
	土地处理和人工湿地+消毒	90	95	40	60	90	100
好氧处理法	氧化塘、活性污泥法、生物滤池、生物转盘、生物接触氧化、SBR、A/O及氧化等+消毒	75	84	67	74	38	100
厌氧处理法(沼气发酵)	厌氧滤器(AF)、上流式厌氧污泥床(UASB)、污泥床滤器(UBF)、升流式污泥床反应器(USR)、内循环厌氧反应器(IC)、完全混合式厌氧反应器(CSTR)、两段厌氧消化法	80	85	30	40	—	95
厌氧—好氧联合处理	厌氧污泥床(UASB)+生物接触氧化+氧化塘	95	90	90	90	90	95

表 3-17　直接排放的情况下单位畜禽废水污染物的年排污系数　　　　单位：t/头、t/只

项目		奶牛	肉牛	猪			蛋 鸡		肉鸡
				水冲清粪	水泡清粪	干式清粪	水冲粪	干捡粪	
COD	范围	16.08~227.8	6.475	5.58~372.5	10.8~170	3.74~39.5	0.41~2.73	1.4×10^{-3}~2.5×10^{-3}	3.8×10^{-4}
	平均	121.94	—	189.04	90.4	21.6	1.57	1.95×10^{-3}	—
NH_3-N	范围	0.596~1.06	0.161	0.455~46.96	0.506~29.5	0.349~0.861	0.011~0.156	9.8×10^{-5}~1.68×10^{-4}	2.6×10^{-5}
	平均	0.828	—	23.7	20.4	0.605	0.08	1.33×10^{-4}	—
TN	范围	0.788~17.52	0.3	0.505~64.1	0.561~40.3	0.033~1.26	0.014 6~0.889	2.49×10^{-4}~4.28×10^{-4}	6.6×10^{-5}
	平均	9.154	—	32.3	20.43	0.65	0.45	3.4×10^{-4}	—
TP	范围	0.221~0.357	0.389	0.115~10.1	0.128~6.35	0.002 74~0.157	0.002~0.015	7.4×10^{-6}~5.9×10^{-6}	1.95×10^{-6}
	平均	0.289	—	5.1	3.24	0.08	0.008 5	3.32×10^{-5}	—

表 3-18　消毒沉淀排放的情况下单位畜禽废水污染物的年排污系数　　　　单位：t/头、t/只

项目		奶牛	肉牛	猪			蛋 鸡		肉鸡
				水冲清粪	水泡清粪	干式清粪	水冲粪	干捡粪	
COD	范围	9.65~136.68	3.9	3.35~223.5	6.48~102	2.24~23.7	0.25~1.64	0.84×10^{-3}~1.5×10^{-3}	2.28×10^{-4}
	平均	73.16	—	113.4	54.24	12.96	0.94	1.17×10^{-3}	—
NH_3-N	范围	0.54~0.95	0.14	0.41~42.3	0.456~26.55	0.31~0.77	0.009 9~0.14	8.82×10^{-5}~1.512×10^{-4}	2.34×10^{-5}
	平均	0.75	—	21.33	18.36	0.54	0.072	1.197×10^{-4}	—
TN	范围	0.63~14	0.24	0.4~51.28	0.45~32.24	0.026~1.0	0.012~0.71	1.99×10^{-4}~3.4×10^{-4}	5.28×10^{-5}
	平均	7.3	—	25.84	16.3	0.52	0.36	2.72×10^{-4}	—
TP	范围	0.2~0.32	0.35	0.1~9.1	0.12~5.7	0.002 5~0.14	0.001 8~0.013 5	6.66×10^{-6}~5.31×10^{-5}	1.755×10^{-6}
	平均	0.26	—	4.59	2.92	0.072	0.007 65	2.99×10^{-5}	—

表 3-19　氧化塘和养殖场+消毒的情况下单位畜禽废水污染物的年排污系数

单位: t/头、t/只

项目		奶牛	肉牛	猪			蛋鸡		肉鸡
				水冲清粪	水泡清粪	干式清粪	水冲粪	干捡粪	干捡粪
COD	范围	4.02~56.95	1.62	1.395~93.1	2.7~42.5	0.935~9.875	0.10~0.68	0.35×10^{-3}~0.625×10^{-3}	0.95×10^{-4}
	平均	30.5	—	47.26	22.6	5.4	0.39	0.49×10^{-3}	
NH_3-N	范围	0.2~0.35	0.053	0.15~15.5	0.17~9.7	0.115~0.28	0.003 6~0.051	3.23×10^{-5}~0.55×10^{-4}	0.858×10^{-5}
	平均	0.27	—	7.8	6.73	0.2	0.026	0.44×10^{-4}	
TN	范围	0.2~4.6	0.078	0.13~16.7	0.15~10.5	0.008 6~0.33	0.003 8~0.23	0.65×10^{-4}~1.11×10^{-4}	1.72×10^{-5}
	平均	2.38	—	8.4	5.3	0.169	0.117	0.88×10^{-4}	
TP	范围	0.14~0.22	0.24	0.07~6.26	0.08~3.9	0.001 7~0.097	0.001 4~0.009	4.6×10^{-6}~3.7×10^{-5}	1.21×10^{-6}
	平均	0.18	—	3.16	2.0	0.05	0.005 3	2.06×10^{-5}	

表 3-20　土地处理和人工湿地+消毒的情况下单位畜禽废水污染物的年排污系数

单位: t/头、t/只

项目		奶牛	肉牛	猪			蛋鸡		肉鸡
				水冲清粪	水泡清粪	干式清粪	水冲粪	干捡粪	干捡粪
COD	范围	1.61~22.78	0.65	0.558~37.25	1.08~17	0.37~3.95	0.041~0.273	0.14×10^{-3}~0.25×10^{-3}	3.8×10^{-5}
	平均	12.19	—	18.90	9.04	2.16	0.157	0.195×10^{-3}	
NH_3-N	范围	0.36~0.64	0.097	0.27~28.2	0.30~17.7	0.21~0.517	0.006 6~0.094	5.88×10^{-5}~1.00×10^{-4}	1.56×10^{-5}
	平均	0.5	—	14.22	12.24	0.36	0.048	0.8×10^{-4}	
TN	范围	0.32~7.0	0.12	0.20~25.6	0.22~16.12	0.013~0.50	0.005 8~0.36	0.996×10^{-4}~1.7×10^{-4}	2.64×10^{-5}
	平均	3.66	—	12.92	8.17	0.26	0.18	1.36×10^{-4}	
TP	范围	0.022~0.036	0.039	0.012~1.01	0.012 8~0.64	0.000 27~0.016	0.000 2~0.001 5	0.74×10^{-6}~0.59×10^{-5}	1.95×10^{-5}
	平均	0.029	—	0.51	0.32	0.008	0.000 85	$0.332\ 10^{-5}$	

表 3 - 21 好氧处理法的情况下单位畜禽水污染物的年排污系数 单位：t/头、t/只

项目		奶牛	肉牛	猪			蛋鸡		肉鸡
				水冲清粪	水泡清粪	干式清粪	水冲粪	干检粪	干检粪
COD	范围	4.02~56.95	1.618 75	1.395~93.125	2.7~42.5	0.935~9.875	0.103~0.683	0.35×10^{-3}~0.625×10^{-3}	0.95×10^{-4}
	平均	30.5	—	47.26	22.6	5.4	0.392 5	$0.487\ 5\times10^{-3}$	—
NH_3-N	范围	0.2~0.35	0.053 1	0.15~15.50	0.167~9.735	0.115 2~0.284 13	0.003 6~0.051 5	3.23×10^{-5}~0.55×10^{-4}	0.858×10^{-5}
	平均	0.27	—	7.821	6.732	0.199 65	0.026 4	$0.438\ 9\times10^{-4}$	—
TN	范围	0.20~4.56	0.078	0.13~16.67	0.149~10.478	0.008 6~0.328	0.003 8~0.231 1	0.65×10^{-4}~1.11×10^{-4}	1.72×10^{-5}
	平均	2.38	—	8.398	5.311 8	0.169	0.117	0.884×10^{-4}	—
TP	范围	0.14~0.22	0.241 2	0.07~6.26	0.080~3.937	0.001 7~0.097 3	0.001 24~0.009 3	4.59×10^{-5}~3.66×10^{-5}	1.21×10^{-6}
	平均	0.18	—	3.16	2.0	0.05	0.005 3	2.06×10^{-5}	—

表 3 - 22 厌氧处理法（沼气发酵）的情况下单位畜禽水污染物的年排污系数 单位：t/头、t/只

项目		奶牛	肉牛	猪			蛋鸡		肉鸡
				水冲清粪	水泡清粪	干式清粪	水冲粪	干检粪	干检粪
COD	范围	3.22~45.6	1.295	1.12~74.5	2.16~34	0.75~7.9	0.082~0.55	0.28×10^{-3}~0.5×10^{-3}	0.76×10^{-4}
	平均	24.4	—	37.8	18.08	4.32	0.314	0.39×10^{-3}	—
NH_3-N	范围	0.42~0.74	0.11	0.32~32.9	0.35~20.65	0.24~0.60	0.007 7~0.11	6.86×10^{-5}~1.18×10^{-4}	1.82×10^{-5}
	平均	0.58	—	16.59	14.28	0.42	0.056	0.93×10^{-4}	—
TN	范围	0.47~10.5	0.18	0.30~38.46	0.34~24.18	0.020~0.76	0.008 76~0.53	1.5×10^{-4}~2.6×10^{-4}	3.96×10^{-5}
	平均	5.49	—	19.38	12.26	0.39	0.27	2.04×10^{-4}	—
TP	范围	0.15~0.25	0.27	0.08~7.07	0.09~4.45	0.001 9~0.11	0.001 4~0.010 5	5.18×10^{-5}~4.13×10^{-5}	1.365×10^{-6}
	平均	0.20	—	3.57	2.27	0.056	0.005 95	2.32×10^{-5}	—

表 3 - 23　厌氧—好氧联合处理的情况下单位畜禽废水污染物的年排污系数

单位：t/头、t/只

项目		奶牛	肉牛	猪			蛋　鸡		肉鸡
				水冲清粪	水泡清粪	干式清粪	水冲粪	干捡粪	干捡粪
COD	范围	0.80~11.4	0.32	0.28~18.6	0.54~8.5	0.19~1.98	0.021~0.14	0.084×10^{-3}~0.125×10^{-3}	1.9×10^{-5}
	平均	6.097	—	9.45	4.52	1.08	0.079	1.95×10^{-3}	—
NH₃-N	范围	0.06~0.1	0.016	0.046~4.7	0.051~2.95	0.035~0.086	0.001 1~0.015 6	0.98×10^{-5}~0.168×10^{-4}	2.6×10^{-4}
	平均	0.083	—	2.37	2.04	0.061	0.008	0.133×10^{-4}	—
TN	范围	0.079~1.75	0.03	0.051~6.41	0.056~4.03	0.003 3~0.126	0.001 46~0.088 9	0.25×10^{-4}~0.43×10^{-4}	6.6×10^{-4}
	平均	0.92	—	3.23	2.04	0.065	0.045	0.34×10^{-4}	—
TP	范围	0.022~0.036	0.039	0.012~1.01	0.013~0.64	0.000 27~0.016	0.000 2~0.001 5	0.74×10^{-6}~0.59×10^{-5}	1.95×10^{-5}
	平均	0.029	—	0.51	0.32	0.008	0.000 85	0.33×10^{-5}	—

参 考 文 献

陈兰鹏，卢绪敏，孙得胜，等 . 2008. 规模化畜禽养殖场的环境污染问题及防治对策 . 现代农业科技（4）：195.

国家环境保护总局自然生态保护司主编 . 2002. 全国规模化畜禽养殖业污染情况调查及防治对策 . 北京：中国环境科学出版社 .

黄沈发，陈长虹，贺军峰 . 1994. 黄浦江上游汇水区禽畜业污染及其防治对策 . 上海环境科学，13（4）：4-8.

李民 . 2001. 规模化畜禽养殖场粪污污染与防治措施 . 农业科技通讯（10）：22-23；11（5）：456-460.

刘丹 . 2004. 猪舍氨气挥发动态模型的实验研究——以安平猪场为例 . 北京：中国农业大学土木与水利学院 .

刘东，王方浩等 . 2008. 中国猪粪尿 NH_3 排放因子的估算 . 农业工程学报，24（4）：218-224.

刘晓利，许俊香，等 . 2006. 畜牧系统中氮素平衡计算参数的探讨 . 应用生态学报，17（3）：417-423.

马林，王方浩等 . 2006. 中国东北地区中长期畜禽粪尿资源与污染潜势估算 . 农业工程学报，22（8）：170-174.

彭里，王定勇 . 2004. 重庆市畜禽粪便年排放量的估算研究 . 农业工程学报，20（1）：288-292.

辛总秀 . 2004. 减轻畜禽粪便对环境污染的现状及技术探索 . 青海畜牧兽医杂志（4）：35-37.

徐谦，朱桂珍，向俐云等 . 2002. 北京市规模化畜禽养殖场污染调查与防治对策研究 . 农村生态环境，18（2）：24-28.

杨国义，陈俊坚，何嘉文，等 . 2005. 广东省畜禽粪便污染及综合防治对策 . 土壤肥料（2）：46-48/52.

张克强，高怀友 . 2004. 畜禽养殖业污染物处理与处置 . 北京：化学工业出版社 .

第四章 畜禽养殖业规划分析
及评价指标体系建立

第一节 畜禽养殖业规划分析

规划分析在畜禽养殖业规划环境评价中有着重要的作用，通过规划分析可以清晰地了解畜禽规划的优劣所在。畜禽养殖业规划分析包括畜禽养殖业规划的概述、协调性分析和不确定性分析。

一、畜禽养殖业规划概述

畜禽养殖业规划概述应阐明并简要介绍规划的编制背景、规划目标、规划对象、规划内容、实施方案。

二、畜禽养殖业规划的协调性分析

分析某畜禽养殖业规划在该产业规划体系中的层级与属性，确定规划的行政级别（中央、地方）和规划属性（以行政区域为基础的畜禽养殖业规划、以养殖模式、养殖种类为基础的畜禽养殖业规划），筛选出与本规划相关的法律法规、环境经济与技术政策和产业政策，以及在资源环境条件上与本规划相关的规划。充分考虑相关政策、规划的法律效力和时效性。然后按照国家级、拟议规划上一级畜禽养殖业规划、拟议规划同级这个顺序进行规划协调性分析。

（一）法律法规、政策符合性

作为畜禽养殖业规划，要分析规划与相关畜禽养殖业指导性意见、关于畜禽养殖业污染治理、环境友好型养殖模式推广的政策和畜禽养殖业产业政策的符合性。判断所评价的畜禽养殖业规划是否符合国家、地方的环境保护政策、法规，是否符合可持续发展的思想。《大连城市发展规划环境评价》对规划协调性进行了分析，规划发展思路和发展策略较好地体现了振兴东北老工业基地战略决策和建设"大大连"指导精神。《全国林纸一体化工程建设"十五"及2010年专项规划环境评价》中，对规划协调性进行了分析，在该规划的上层位是国家有关发展造纸原料林基地和造纸工业的指导性意见（《关于加快我国造纸工业发展的指导意见》、《关于坚强造纸工业原料基地建设的若干意见》）等政策层面，通过分析，该规划编制的指导思想和基本原则充分体现了在政策层面上的要求。

（二）与上层次规划相符性

某畜禽养殖业规划应分析畜禽规划目标是否与其规划的目标一致，分析畜禽养殖业规划布局、规模等各项规划要素与畜禽养殖业规划的符合性和协调性，体现宏观控制的要求，重点分析规划之间的冲突和矛盾。《平顶山化工城总体规划环境评价》中对规划协调性进行了分析，《河南省国民经济和社会发展第十一个五年总体规划》将平顶山市定位为河南省重化工发展基地之一。《平顶山化工城总体规划》将化工城产业发展定位于我国中部地区最大的化工基地，在定位、发展方向及规划的产业链上与《河南省国民经济和社会发展第十一个五年总体规划》是相协调的。

（三）与同层次规划的协调性

作为畜禽养殖业规划，应在考虑累积环境的基础上，逐项分析规划要素与所在区域（或养殖业）同层位其他规划在环境目标、资源利用（土地、水等）、环境容量与承载力等方面的一致性与协调性。重点分析畜禽养殖业规划与同层位的环境保护、生态建设、资源保护与利用等规划之间的冲突与矛盾。《全国林纸一体化工程建设"十五"及 2010 年专项规划环境评价》中，对规划协调性进行了分析，由于《全国林纸一体化工程建设"十五"及 2010 年专项规划》涉及林地资源的利用问题，为避免在规划实施中出现发展纸浆原料林基地与其他林业用地的冲突，对涉及林地资源利用的规划进行土地资源利用规模的协调性分析与林地资源利用的协调性。重点说明与《重点地区速生丰产用材林基地建设工程规划》的关系。从《全国林纸一体化工程建设"十五"及 2010 年专项规划》可利用的林地资源、种植模式两个方面分析与《重点地区速生丰产用材林基地建设工程规划》的协调性问题；从木浆造纸能力方面，分析《全国林纸一体化工程建设"十五"及 2010 年专项规划》与《造纸工业"十五"规划》的协调性关系；在环境保护方面，分析了与国家环境保护"十五"计划规定的环境保护目标、《全国生态环境建设规划》的环境目标的协调性。

三、规划的不确定性分析

畜禽养殖业规划在制定和实施过程中存在多方面的不确定性，因此规划实施的环境也可能会存在不确定性。对畜禽养殖业规划的不确定性分析的目的是通过规划分析识别畜禽养殖业规划未来实施所依托的资源、环境条件可能发生的变化情况，如土地资源使用方案、水资源分配方案、污染物总量分配方案等，确定影响规划编制、规划决策与规划实施的关键因素、条件和事件，进而在环境预测与评价时设置相应的情景，分析不同情景下畜禽养殖业规划阶段性目标的可达性及其环境。

第二节　畜禽养殖业规划
评价指标体系

　　在畜禽养殖业规划环境评价中，指标是用来揭示和反映畜禽养殖业所造成环境变化趋势以及评价畜禽养殖业规划的环境可持续性的工具。畜禽养殖业规划环境评价指标体系的建立，在技术方法层次上保证实施畜禽规划环境影响评价的科学性和合理性。畜禽养殖业规划环境评价，由于涉及因子多，决定了评价指标的复杂性，这是全面、科学、客观地描述、测度和评价畜禽养殖业规划的环境所必需的。如此众多层次、众多类型的指标就构成了畜禽养殖业规划环境评价的指标体系。

一、评价指标体系的内涵

　　指标是复杂事件或系统的信号，是一组反映系统特性或显示发生何种事情的信息，是从数量方面说明一定社会总体现象的某种属性或特征的，它的表达形式是数字。指标可以是变量或变量的函数，也可以是定性变量或定量变量。指标体系就是由一系列相互联系、相互制约的指标组成的科学的、完整的总体。畜禽养殖业规划环境评价指标体系是反映畜禽养殖业区域环境可持续发展系统内部结构、外在状态及其发展变化趋势指标和部分反映相关社会、经济因素状态指标的集合。

　　科学的指标体系，应是依据不同研究目的要求以及研究对象所具有的特征，把客观上存在着联系的、反映环境变化的若干指标，科学的加以分类和组合而形成的一种环境指标体系，它是一系列内在联系的指标的组合。在畜禽养殖业规划环境影响评价中，设置的指标体系要能够反映规划实施前后，社会—经济—环境—资源复合系统的状态和变化特征。

二、评价指标体系特性

（一）畜禽养殖业环境可持续性

指标体系是定量描述环境和经济相互作用关系和结果的重要手段。畜禽养殖业规划环境影响评价指标体系应体现畜禽养殖业环境和经济发展长期稳定的关系，反映一定时期内畜禽养殖业环境系统承受外界压力（如养殖数量、资源过度利用等）的能力或环境影响的程度。即畜禽养殖业规划环境影响评价应考虑某一区域未来可持续发展的环境可行性。

（二）政策相关性

畜禽养殖业规划环境影响评价指标的真正目的在于对评价规划、对区域环境可持续发展的影响，国家、地区在不同时期有不同的发展目标，针对发展目标会实施一系列的政策，因而指标制定过程中应能体现出对政策的响应作用。也就是说，规划环境影响评价指标必须能够以环境质量的变化趋势或改善以及资源的利用程度等来说明政策的作用程度。

（三）畜禽养殖业生态系统的完整性

评价指标是衡量和表征环境趋势的工具。畜禽养殖业规划环境影响评价指标体系的建立等同于确定了环境影响评价的重点内容，因此必须保证建立的指标体系能够最大限度地反映出畜禽养殖业生态系统的整体性。畜禽养殖业规划环境影响评价要求以生态为中心，在保护环境的同时，保持生态系统的完整性和生物多样性。因此，评价指标体系应全方位多层面体现畜禽养殖业生态系统的所有内容。

（四）指标的高度综合性

把一些简单而又能说明问题本质的指标提炼，为高度综合性指标，能够反映环境可持续发展更高层次的内容，适于决策者和公众了解和运用，更具有说服力。

（五）环境的时空特性

畜禽养殖业规划实施的时间跨度较大，其评价指标既要反映当前的环境要求，又要反映未来各个不同时期的环境要求。因为随着经济水平的提高，人们对环境质量的要求也在不断提高。如果现在评价某一中长期发展规划时，不能只采用一个单一的、静态的标准，应考虑在未来的不同时期采用不同的标准，以满足系统发展的要求。此外，评价指标还要考虑空间的跨度，因为畜禽养殖业生态环境系统是开放性的，活动所造成的环境影响是跨区域的，因而评价指标要适当体现一定空间的适用范围。

三、评价指标确立原则

在畜禽养殖业规划环境评价中，所选取的评价指标体系要体现"社会—经济—环境"复合系统的状态和变化特征。由于这一复合系统的结构复杂，层次众多，子系统或各要素之间既有相互作用，又有相互间的输入和输出联系，畜禽养殖业规划环境评价指标应能全面、真实地反映区域可持续发展系统的内部结构、外在状态、系统内部各子系统相互间的关系以及畜禽养殖业决策主要环境保护目标的实现程度。因此，在确定规划环境评价指标时，应遵循以下原则。

（一）科学性原则

任何指标体系的构建，包括指标的选择、权重系数的确定、数据的选取必须以科学理论为依据，即必须首先满足科学性原则。按照科学性的要求，选择指标必须要建立在科学、客观的基础上，设置的指标必须以客观存在的事实为基础，能够预测未来可能产生的环境影响。

（二）完备性原则

指标体系作为一个整体，要比较全面地反映评价区域系统地发展特征。完备性要求指标体系覆盖面广，能全面并综合地反映环境可持续发展系统主要因素的状态和发展趋势，同时要求指标体系的内容简单明了与准确，具有代表性。

（三）独立性原则

尽管系统内各子系统、各要素之间相互联系、相互依赖，但作为对于其特点表征地具体指标在内容上应互不相关，彼此独立。

（四）可操作性原则

在畜禽养殖业规划环境评价中，指标的可操作性原则具有两层含义，一是所选取的指标越多，意味着规划环境评价的工作量越大，所消耗的人力、物力、财力资源越多，技术要求也越高；可操作性原则要求在保证完备性原则的条件下尽可能地选择那些具有代表性、敏感地综合性指标，删除代表性不强、敏感性差的指标。二是度量指标易于获取和表述，并且各指标之间具有可比性。指标并不是越多越好，要考虑指标的量化及数据取得的难易程度和可靠性，尽量利用现有统计资料。

（五）层次性原则

由于规划环境评价的研究对象具有复杂的层次结构。因而，规划环境评价的指标设置应具有鲜明的层次性结构，能反映规划在不同层次上的环境影响。

（六）多样性原则

"具有多样性，才具有稳定性"。多样性原则要求在规划环境评价的指标体系中，既有定量指标，又有定性指标；既有绝对量指标，又有相对量指标；既有价值型指标，又有实物型指标。如此才能满足不同性质、不同层次、不同范围、不同要求的规划环境影响的度量。

（七）静态指标和动态指标相结合

静态指标反映区域环境可持续发展系统的状态，动态指标则用于反映区域环境可持续发展的变化趋势，为保证规划环境评价在不同阶段上的延续性并能比较不同阶段具体情况，要求规划环境评价的指标体系具有相对的稳定性或相对一致性。同时，由于规划环境评价的复杂性，应在评价执行过程中不断修正指标体系，以满足系统发展的要求；另一方面应根据专家意见并结合公众参与的反馈信息不断补充、完善评价指标体系。

（八）同趋势化原则

同趋势化原则要求规划环境评价的各指标保持同向趋势，以便于不同类型、不同量纲的指标可先通过归一化等方法处理后进行比较。

四、规划环境影响评价指标的筛选

在选择规划环境评价的评价指标时，应在规划环境影响识别的基础上，结合规划分析及环境背景调查情况，同时借鉴国外规划环境影响评价研究和实际工作中的指标设置及建设项目环境评价的评价指标来首先从原始数据中筛选出评价信息，然后通过理论分析、专家咨询、公众参与初步确定规划环境评价的评价指标，并在规划环境评价工作进展中根据实际情况补充、调整，最后完善成正式的规划环境评价的评价指标体系。

五、评价指标体系的构成

规划环境评价是在传统的基础上发展起来的，依托现有的评价指标体系并加以适当的扩充、完善而形成其评价指标体系。传统的评价指标体系一般包括自然环境指标、生态环境指标和社会环境指标。

畜禽养殖业规划环境影响评价是战略环境评价的组成部分，因此，规划环境影响评价应站在区域发展战略的高度，综合评价区域发展规划的实施条件、可能性及途径，并应充分考虑各个环境要素累积效应的影响、能源及资源利用而产生的影响、项目建设对社会经济的影响及由此而产生的间接环境影响等。

畜禽养殖业规划指标体系的建立引入关键评价指标，选择最能反映规划和评价目标的那些指标，以减少评价的不必要的工作量，提高评价效率和可操作性。将评价指标分为两大类：规划层次的指标和环境状态反应的指标。

表 4 - 1　畜禽养殖业规划环境评价规划层次的指标

目标层	因素层	指标层
规划的背景	与相关规划的关系	规划的相容性（%）
	配套产业状况	优质饲料供应率（%）
		畜禽加工企业容量与养殖产量的比例（%）
规划合理性	空间布局的合理性	功能区的配置是否合理
	产业导向的合理性	是否符合国家相关产业政策
	规模的合理性	规模的制定

（续）

目标层	因素层	指标层
规划内容	经济指标	畜禽养殖业总产量
		畜禽养殖业总产值
		畜禽养殖业占农业总产值的比重
		畜禽养殖业农民净收入
		规模化养殖量占全社会养殖总量的比重（%）
	社会指标	人口数量、密度、增长率
	环境效益指标	生态养殖模式的覆盖率（%）

表 4-2　畜禽养殖业规划环境状态反应层次的指标

目标层	因素层	指标层
环境污染指标体系	畜禽粪便	1. 产生量
		2. 利用方式
		3. 处理利用率（%）
	养殖废水	1. 排放量
		2. 处理率（%）
		3. COD、BOD_5、氨氮、总磷
	大气环境	恶臭影响范围
	地表水环境	1. COD
		2. TN
		3. NH_3-N
		4. TP
		5. 大肠菌群数
	地下水环境	1. NO_3-N
		2. 大肠菌群数
		3. 细菌
	土壤	1. 有机质
		2. 养分（N、P）
		3. 重金属

参 考 文 献

冯玉广，王君，杨述贤．2000．山区县可持续发展指标体系与评价方法研究．中国人口资源与环境，10（专刊）：109-111．

郭红连，黄煦瑜．2003．战略环境评价（SEA）的指标体系研究．复旦学报（自然科学版），42（3）：468-475．

国家环境保护总局．2003．规划环境影响评价技术导则（试行）．HJ/T 130—2003．

国家环境保护总局环境评价司．2006．战略环境评价实例讲评（第一辑）．北京：中国环境科学出版社．

何德文．2000．战略环境评价与可持续发展关系研究．重庆环境科学，22（1）．

贺楠．2008．规划环境评价环境影响界定及评价指标确立的方法研究．北京：北京化工大学．

环境保护部环境评价司．2009．战略环境评价实例讲评（第二辑）．北京：中国环境科学出版社．

冷疏影，刘燕华．1999．中国脆弱生态区可持续发展指标体系框架设计．中国人口资源与环境，9（2）：40-45．

李刚，万绪才，刘小钊．2002．南京城市生态系统可持续发展指标体系与评价．南京林业大学学报，26（1）：23-26．

陆军，郝大举．2006．规划环境影响评价指标体系及其评价方法浅析．污染防治技术，19（1）：26-27．

罗国芝，包存宽，陆雍森．2008．水产养殖规划环境评价关键指标的研究，环境污染与防治，30（7）：78-81．

潘嫱英，刘卫东．2004．浅谈土地利用规划的环境影响评价．中国人口资源与环境，14（2）：134-147．

尚金成，包存宽．2003．战略环境评价导论．北京：科学出版社．

温淑瑶，马占青，周之豪．2000．湖泊水资源可持续利用评价指标体系初探．中国人口资源与环境，10（专刊）：107-108．

杨伟光，付怡．1999．农业生态环境质量的指标体系与评价方法．环境保护

（2）：26 - 27.

叶正波 . 2002. 基于三维一体的区域可持续发展指标体系构建理论 . 环境保护科学，28（1）：7 - 35.

袁清和，付文福，孙会君 . 2001. 区域资源条件评价指标体系建立的研究 . 山东科技大学学报（自然科学版），20（3）：91 - 94.

周海林 . 2000. 国内外可持续发展指标（体系）研究综述//可持续发展指标国际研讨会论文集（10）：68 - 84.

第五章 畜禽养殖业规划环境评价技术方法

第一节 规划环境评价方法论述

一、规划环境评价方法特点

（一）与规划的宏观性相适应

规划环境评价在时间上具有宏观性，作用的时间跨度较大，所涉及的一般都是中长期规划，对环境的累积效应、协同效应、次生效应等需要相当长时间后才会表现出来。规划实施造成的环境影响具有滞后性，而且可能持续较长的时间。因此，规划环境评价需考虑较大时间尺度上的环境问题，即长期效应。

规划环境评价在空间上也具有宏观性。一般来说，规划行为作用区域范围较大，即评价规划的实施范围和影响范围一般比项目要大得多。规划环境评价在时空尺度上的宏观性，必然要求的方法学与之相适应，具有预测、估算规划行为宏观环境影响的能力。

（二）综合性

规划环境评价通常涉及较广的领域，具有不同的类型，某一类型的实施又可分为多个不同的阶段或过程，涉及各个部，具有阶段性、跨部门性和综合性。不同类型的规划环境评价所关注的环境要素不同，显然采用的技术方法也不同，而不同层次或在不同阶段，所采用的技术方法也可能有所不同。可见，规划环境评价的有效实施有赖于多种技术方法的综合运用或集成，即技术方法具有综合性的特点。

（三）与规划的制定程序与方法相结合

规划环境评价针对的是政府部门的规划行为所造成的环境影响。因此，只有融入政府的政策制定和规划方案的研究中才能真正发挥其效能。而人们对规划决策技术的研究已有较长历史，因此在规划环境评价中引入政策、规划评价方法是很合逻辑的、自然的。

（四）定性与定量相结合

与项目环境评价相比，规划环境评价涉及更为广泛的环境要素或环境因子，各评价要素和因子间的关系也更为复杂。由于规划环境评价的宏观性和不确定性，在某些情况下，难以进行定量研究，所以定性方法和综合性分析方法占有重要地位。同时在时间、财力、人力、技术手段等条件允许的前提下，也尽可能多地使用定量方法，以降低规划环境评价的不确定性，保证其结论的客观性和科学性。

二、常用评价方法

概括起来，规划环境影响评价方法有两类。一类是项目环境影响评价的方法，采用这类方法时，将项目的整体影响加以分解，有重点地将规划环境影响分解为与环境资源、社会经济和生态系统阈值相关的影响，再进行综合评价。二类是规划学的方法，这类方法首先是有效地评估规划的综合影响，特别是累积效应，然后将综合影响分解到规划区域的各种资源或生态子系统上。实质上第一类规划评价方法是项目环境影响评价的延伸，第二类方法是专项规划的影响与区域或综合规划相关。在缺乏资源、生态系统和社会经济的可信阈值的情况下，后一类方法更为有效。实际上，这两种方法是互补的，结合起来可以构成一种更为全面的规划影响评价方法。下面对规划环境评价中常用的方法进行介绍。

（一）专家判断法

专家判断法包括个别的、分散地征求专家意见的方法和结构化的或组织健全的专家咨询法，如"智暴法"和"德尔斐（Delphi）法"。该种方法主要是借助专家的知识和集体智慧，经过多轮征求意见，反复汇总、分析、论证，确定环境影响大小、重要性、排序或对不同性质影响按价值判断作归一化处理。应用该法的关键是专家的选取和专家咨询结果的处理，是规划环境评价中常用的一种方法。

（二）核查表法

核查表法是最早用于环境影响识别、评价和方案决策的方法。它将环境评价中必须考虑的因子一一列出，然后对这些因子逐项进行核查后作出判断，最后对核查结果给出定性或半定量的结论。

（三）矩阵法

矩阵法可看作是一种用来量化人类的活动和环境资源或相关生态系统之间的交互作用的二维核查表，也是最早和最广泛应用的环境分析、评价和决策方法，可以分为简单相互作用矩阵法和迭代矩阵法两大类。矩阵法可以表示和处理那些由模型、图形叠置和主观评估方法取得的量化结果。可以将矩阵中每个元素的数值与对各环境资源、生态系统和人类社区的各种行动产生的累积效应的评估很好的联系起来，广泛地用于社会和经济方面的分析。

（四）叠图法

图形叠置法（叠图法）是将一套表示环境要素一定特征的透明图片叠置起来，表示区域环境的综合特征和不同地块的总体环境影响强弱。

（五）以地理信息系统（GIS）为代表的 3S 集成技术

3S 是指 GIS（地理信息系统）、GPS（全球定位系统）、RS（遥感技术系统）三种空间信息技术。近几年来，国际上"3S"的研究和应用向集成化方向发展，这种集成应用包括 GPS 主要被用于实时、快速地提供目标的空间位置；RS 用于实时地或准时地提供目标及其环境的语义或语义信息，发现地球表面上的各种变化；GIS 则对多源时空数据进行综合处理、集成管理、动态存取，形成新的集成系统的基础平台。GIS 以 GPS 和 RS 为依托，把地图独特的视觉化效果和地理分析功能与一般的数据库操作（例如查询和统计分析等）集成在一起，使其成为规划环境评价的重要技术工具和支持。政府的政策、规划、计划以及环境背景、现状可以在 GIS 中可视化地表达，还可以进行查询检索；GIS 的空间分析功能及其与模型（环境预测模型或决策分析模型）技术的结合可以在不同方案的环境影响预测中发挥重要作用。

（六）幕景分析法

幕景分析就是将未受影响时的环境状况和受规划行动在不同时间和条件下影响后的状况按照年代的顺序一幕幕地进行描绘的一种方法。简单的幕景描绘可用图表、曲线，复杂的状况则需用计算机模拟显示。幕景分析法只是建立了一套进行环境影响评价的框架，分析每一幕景下的具体环境影响还必须依赖于其他一些有力的评价方法，例如环境数学模型、矩阵法或 GIS 等。

（七）网络和系统图解法

网络分析和系统流程图是描述一个有因果关系的网络中的社会、经济和环境的各种组分的一种方法，是以原因—结果关系树来表示环境影响链，反映初级—次级—三级等影响的连锁关系。它可以分析各种活动带来的多样影响，追踪那些由直接影响对其他资源产生的间接影响。还可以用于识别一项规划对各种资源、生态系统和人类社会的影响的累积效应。网络分析和系统流程图方法主要用于规划环境影响的评价和监测阶段或规划的累计影响识别和预测中。

在采用这种方法分析规划中的各个事件的发生概率时，需注意各个事件独立发生的初级、次级、三级乃至多级影响的概率也是独立的。这只是一种假设，实际的规划实施中各行为造成的影响之间是相互连续的。因此在确定各个事件链和一个事件链中的各个事件的发生概率时，应考虑其相关性，然后在数值上做适当的调整。

（八）生态足迹法

任何已知人口（个人、一个城市或国家）的生态足迹是为满足这些人口生产与消费所需耗去的所有资源和吸纳这些人口所产生的所有废弃物所需要的生物生产的土地总面积和水资源量。生态足迹是人口数和人均物质消费的一个函数，它测量了人类的生存所必需的真实生物生产面积，是每种消费商品的生物生产面积的总和。将规划区域的生态足迹同国家或区域范围所能提供的生物生产面积进行比较，就能为判断一个国家或地区的生产消费活动是否处于当地生态系统承载力范围内提供定量依据。

（九）生态服务价值方法

生态系统服务（ecosystem services）是指人类直接或间接从

生态系统获取的效益，主要包括向经济社会系统输入有用物质和能量、接受和转化来自经济社会系统的废弃物，以及直接向人类社会成员提供的各种服务（如人们普遍享用洁净空气、水等舒适性资源）。与传统经济学意义上的服务（通常是一种购买和消费同时进行的商品）不同，生态系统服务只有一小部分能够进入市场被买卖，大多数生态系统服务是公共品或准公共品，无法进入市场。生态系统服务以长期服务流的形式出现，能够带来这些服务流的生态系统是自然资本。

（十）可持续承载能力分析

生态承载力研究是区域生态规划和实现区域社会经济发展与生态环境可持续性相协调的前提。主要的研究内容包括资源承载力、环境承载力和生态承载力三类，其中以土地资源承载力研究较多。

（十一）压力—状态—响应方法（PSR）

PSR 框架最早是联合国经合组织为了评价世界环境状况而提出的评价模式。其基本思路是人类活动给环境和自然资源施加压力，这种压力导致环境质量和自然资源质量的改变，这些改变将促使社会通过环境、经济、土地政策、决策或管理措施等做出相应的反应，缓解由于人类活动对环境的压力，维持环境健康。

（十二）环境数学模型

数学模型是用数学公式来描绘事物累积变化的过程，可以用作设计规划决策的辅助工具，更多的是应用于幕景分析与预测各种环境影响。应用环境数学模型与专家判断法相结合可更好的评估规划中的多个变化幕景的环境效应，选择最佳的规划方案或否定其他的备选方案。在应用时，一般选择已有的模型，并根据预测、现状信息和数据加以改进再使用。

（十三）费用效益分析法

费用效益分析法主要是通过将所有的影响转变为货币价值来衡量。它可以帮助决策者用货币来衡量环境和社会的费用价值来进行决策。

（十四）多指标分析法

多指标分析法是基于多种指标一体化的一种决策支持工具。它通过一种统一的方法来处理大量复杂的信息以供决策者使用。在应用上，多指标分析法常根据权值来进行判断，因而需要建立定性或定量的可衡量的指标去评价规划涉及的范围。多指标分析法应用的重点在于决策部门的判断、规划和环境目标的选择、指标的选取和权值的建立。

（十五）生命周期法

生命周期评价是一种评价产品生产、工艺或一项服务，从原材料采集到产品生产、运输、销售、使用、回用、维护和最终处置整个生命周期阶段有关的环境负荷的过程。评价时，它不仅考虑行为的直接影响，也考虑与之相关行为的间接影响。

三、不同评价阶段适应的方法

规划环境评价的技术方法是指在评价各个阶段可选用的一系列方法的集合，表 5-1 中为规划各个评价环节常采用的方法。

表 5-1　规划的环境适应的评价方法

评价环节	评价的技术方法名称
规划分析	核查表、叠图法、矩阵法、专家咨询法、情景分析、博弈论法

（续）

评价环节	评价的技术方法名称
环境现状调查与评价	现状调查：收集资料法、现场踏勘；环境监测、生态调查、社会经济学调查现状分析与评价：专家咨询、综合指数法、叠图分析、生态学分析法
环境的识别	核查表、矩阵法、网络分析法、层析分析法、情景分析法
环境要素影响的预测与评价	类比分析法、对比分析法、负荷分析法、弹性系数法、趋势分析法、系统动力学法、投入产出分析法、数值模拟、经济学分析法、生态学分析、灰色系统分析、叠图分析、情景分析、数学模型
累积影响评价	矩阵分析法、网络分析法、叠图分析法、数值模拟、生态学分析法、灰色系统分析法

第二节　畜禽养殖业规划
环境评价方法

目前，对于刚刚开展起来的农业规划环境评价来说，其依据主要是基于建设项目环境评价的技术、方法与管理模式，缺乏系统的规划环境评价理论和技术方法。照用已经成熟的建设项目环境评价的技术方法可以说是一个捷径，但不是所有的建设项目环境评价的方法都是可以应用于农业规划环境评价，有些方法根本不能用于农业规划环境评价，有些方法经过修正后可以应用于规划环境评价。这样就一方面使得规划环境评价过分依赖建设项目环境评价中的定量的技术方法，其评价的结论往往有失偏颇；另一方面使得规划环境评价内容和技术方法过于复杂，造成编制时间过长，这样极大地影响了我国农业规划环境评价的效果和效率。我国目前未进行过任何和畜禽养殖业规划相关的环境评价的实践和理论研究。

一、畜禽养殖业规划环境
评价方法选择的依据

畜禽养殖业规划环境评价是一项复杂的工作，涉及范围较广、因子较多、关系较复杂，需要从不同角度对规划进行评价。规划方案的评价与预测是畜禽养殖业规划环境评价的重点和关键环节，而所使用的方法又是评价和预测的关键。因此，要客观、准确地评价畜禽养殖业规划地环境影响就需要一套科学、实用的技术方法。但每一种评价方法都不是万能的，都有一定的适用范围。因此，有必要根据畜禽养殖业规划评价的对象、评价程序的不同选择不同的评价方法。

（一）根据评价对象选择评价方法

1. 环境影响评价方法　这类方法评价的对象主要是畜禽养殖业规划影响的自然环境要素，如畜禽养殖业规划对大气环境、声环境和生态系统等的影响等，以及由于畜禽养殖业规划引起的宏观的、大尺度的、长期的、全球范围的以及非常规的环境影响因子。这类方法除了传统建设项目环境影响评价中的单因子评价法和综合评价法外，还包括核查表法、专家判断法、数学模型法、类比分析法、地理信息系统、多标准分析法等。

2. 资源利用评价方法　畜禽养殖业规划的实施将消耗大量的不可再生资源，如土地等。因此，畜禽养殖业规划环境评价中考虑的资源因子是畜禽养殖业规划的实施对资源的直接占用，如土地资源的占用、土地资源的利用效率、土地利用的合理性等可选用的方法有：承载力分析法、幕景分析法、趋势外推法、类比分析法、核查表法、专家判断法、数学模型法等。

3. 社会经济影响评价方法　畜禽养殖业规划的社会经济影响评价主要包括：规划区域内流动人口状况、生活质量、社会福利、社会文化、基础设施建设等与环境关系密切或者可能诱发重大环境问题的社会影响；畜禽养殖业规划对资源配置、经济与市场结构等方面的影响。主要的方法有：社会调查法、专家判断法、类比分析法、费用效益分析法等。

（二）根据评价程序选择评价方法

畜禽养殖规划环评的程序与项目环评差别较大的是在规划方案的评价与预测方面，而其他的主要程序则和项目环评差别不大，通常包括规划分析、环境影响识别、预测和评价等阶段。畜禽养殖规划环境评价中不同的程序应选用不同的技术方法。

二、畜禽养殖业规划分析方法

（一）适用方法

畜禽养殖业规划分析应包括规划概述、协调性分析和不确定性分析等。通过对畜禽养殖业规划分析，从环境评价角度对规划内容进行分析和初步评估，从多个规划方案中初步筛选出备选的规划方案，作为环境分析、预测与评价的对象。

表 5-2 畜禽养殖业规划分析方法

方法名称	原理	优点	缺点	适用性分析
核查表法	将可能受规划行为影响的环境因子和可能产生的影响性质列在一个清单中，然后对核查的环境给出定性或半定量的评价	使用方便，容易被专业人士及公众接受，在评价早期阶段应用，可保证重大的影响没有被忽略	没有将"受体"与"源"相结合，并且无法清楚地显示出影响过程、影响程度及影响的综合效果	设计专用的核查表，将不同畜禽规划方案养殖规模、种类、不同区域及特点分别归类到不同层次的表格

（续）

方法名称	原理	优点	缺点	适用性分析
叠图法	将评价区域特征包括自然条件、社会背景、经济状况等的专题地图叠放在一起，形成一张能综合反映环境的空间特征的地图	能够直观、形象、简明地表示各种单个影响和复合影响的空间分布	无法在地图上表达源与受体的因果关系，因而无法综合评定环境的强度或环境因子的重要性	如对畜禽养殖业规划的不同方案进行叠图分析

（二）推荐方法

推荐用叠图法，比如某畜禽养殖业规划与上层农业规划和同层次土地利用规划进行叠图，能够比较直观分析畜禽养殖业规划的适用性。

三、畜禽养殖业规划环境现状调查方法

（一）适用方法

现状调查针对规划养殖区的自然、社会、经济环境特征及养殖业的特点，按照全面性、针对性、可行性和效用性的原则，有重点的进行。调查内容应包括环境、社会和经济三个方面。畜禽养殖业规划环境评价可采用的现状调查方法主要有收集资料法、现场调查和监测方法。

（二）推荐方法

对畜禽养殖业规划环境评价的现状调查方法本研究推荐采用收集资料法、现场调查和监测方法，对规划区域内自然环境状况、社会状况和畜禽养殖场情况进行调查。本研究仅对畜禽养殖场调查方法进行举例说明，对畜禽养殖场进行现状调查时，调查内容见表5-3和表5-4。

表5-3 畜禽养殖场基本情况

序号	指标名称	序号	指标名称
1	养殖场名称	15	粪污排入河道或沟渠（%）
2	养殖地址	16	粪污施入养殖场农田（%）
3	建场时间	17	粪污用于生产沼气（%）
4	养殖场占地（m²）	18	粪污其他处理方式（%）
5	饲养规模（万）	19	化粪池处理规模（t/d）
6	现从业人数（人）	20	粪水化粪池处理施入农田（%）
7	养殖方式	21	粪水排入河道或沟渠（%）
8	是否与种植业结合	22	粪水直接施入农田（%）
9	养殖场拥有农田面积（hm²）	23	粪水其他处理方式（%）
10	养殖场周边环境	24	废弃物任何气候条件都不会排入水体
11	机械化程度	25	废弃物雨水大的季节排入水体
12	养殖场用水来源	26	废弃物任何气候都会排入水体
13	年均用水量（t）	27	废弃物与水体其他关系
14	粪污卖给农民做肥料（%）		

表5-4 畜禽养殖场养殖情况

序号	指标名称
1	畜禽名称
2	畜禽存栏量（头/只）
3	畜禽出栏量（头/只）
4	生长期（月）
5	精饲料名称
6	精饲料投入量（kg/y）
7	精饲料价格（元/kg）
8	精饲料来源及比例
9	粗饲料名称

（续）

序号	指标名称
10	粗饲料投入量（t/y）
11	粗饲料价格（元/t）
12	粗饲料来源及比例
13	日平均干粪量（m³/d）
14	日均粪水产生量（t/d）
15	粪污处理方式（人工/机械）

（三）实例分析

采用收集资料法、现状调查法和监测法等，对长江口综合整治开发规划环境评价中的现状调查与分析。长江口区域分布有一系列重要水源地、自然保护区、多种珍稀水生动物、渔业资源"三场"、水产资源保护区、重要湿地等环境敏感区和重点保护对象，具体见表5-5。

表5-5　长江口分布的重点保护对象和环境敏感区域

类型	项目	名　称	备注
重点保护对象	重要水源地	江苏南通海门水厂、太仓浪港水厂、上海陈行水库、宝钢水库、嘉定野沟水库和浦东凌桥水厂、规划的青草沙水源地	
	自然保护区	崇明东滩鸟类国家级自然保护区	国家级
		长江口中华鲟自然保护区	省级
		九段沙国家级湿地自然保护区	国家级
		长江口（北支）湿地自然保护区	省级
	珍稀保护水生动物	国家一级保护动物白鳍豚、中华鲟、白鲟，国家二级保护动物江豚、松江鲈，其中中华鲟在长江口水域资源量较大	

（续）

类型	项目	名　称	备注
环境敏感区	渔业资源及其"三场"	长江口主要经济渔业资源凤鲚、刀鲚、日本鳗鲡、中华绒螯蟹等的产卵场、索饵场、洄游通道	
	水产资源保护区（禁渔区）	机轮底拖网禁渔区	
		长江口鳗鱼捕捞禁渔区	
		长江口深水航道整治导线禁渔区	
	重要湿地	南汇边滩湿地（面积为58 085.13 hm²）	
		横沙浅滩（面积为50 549.87hm²）	
	其他	军事敏感目标：横沙客运码头南的海军码头	
	大型市政污水排放口	上海市西区（石洞口）排放口	排放量70万～80万 t/d
		合流污水集中排放一期工程竹园排放口	排放量140万t/d
		合流污水集中排放二期工程白龙港（南开）排放口	排放量170万t/d
		南支下段规划的南汇综合污水排放口，长江口分布的排污口还有闸控的径、河等	

四、畜禽规划环境识别方法

（一）适用方法

识别畜禽规划区主要的资源、环境制约因素和养殖区规划实施后可能造成的资源、环境问题，列出畜禽规划环境识别清单。环境识别方法一般可采用：核查表法、矩阵法、叠图法，具体的特点见表5-6。

表 5-6　畜禽规划环境识别方法

方法名称	原理	优点	缺点	适用性分析
核查表	将可能受规划行为影响的环境因子和可能产生的影响性质列在一个清单中，然后对核查的环境给出定性或半定量的评价	使用方便，容易被专业人士及公众接受。在评价早期阶段应用，可保证重大的影响没有被忽略	没有将"受体"与"源"相结合，并且无法清楚地显示出影响过程、影响程度及影响的综合效果	畜禽养殖业规划设计专用的核查表，将畜禽养殖业规模、种类、不同区域及特点分别归类到不同层次的表格
矩阵法	将规划目标、指标以及规划方案（拟议的经济活动）与环境因素作为矩阵的行与列，并在相对应位置填写用以表示行为与环境因素之间的因果关系的符号、数字或文字	可以直观地表示交叉或因果关系，矩阵的多维性尤其有利于描述规划环境评价中的各种复杂关系，简单实用，内涵丰富，易于理解	不能处理间接影响和时间特征明显的影响	在对畜禽规划环境识别中，横栏列出一系列环境资源，纵栏列出畜禽养殖业中粪便、污水、恶臭气体等的排放，可以得到畜禽养殖业污染物排放环境识别矩阵
叠图法	将评价区域特征包括自然条件、社会背景、经济状况等的专题地图叠放在一起，形成一张能综合反映环境的空间特征的地图	能够直观、形象、简明地表示各种单个影响和复合影响的空间分布	无法在地图上表达源与受体的因果关系，因而无法综合评定环境的强度或环境因子的重要性	如对畜禽养殖业规划的现状分析中，农田畜禽粪便负荷量和各类畜禽粪便比重的计算结果，应用 ARCVIEW 软件的空间分析功能，将不同区域畜禽粪便污染负荷编制成图

（二）推荐方法

根据我国水平，推荐矩阵法进行畜禽养殖业规划环境评价的识别方法。矩阵法进行环境识别的步骤如下：

1. 进行畜禽规划区域内环境项目分类　认真分析规划内容，筛选出规划中提出的、可能引起环境影响的畜禽养殖业相关项目。

2. 对环境要素、环境参数进行分类　根据上一步分类的结果，针对每个具体的项目分析可能受其影响的环境要素或环境参数，如大气、水体、植被等。

3. 构造环境因素识别矩阵　根据上述两个步骤及环境要素分类畜禽养殖业环境识别矩阵，表 5-7 列出畜禽养殖业中的影响因子和影响源。

4. 环境分析　在识别表中分析畜禽养殖业相关活动的环境及其性质，初步确定环境识别因素，经广泛征求专家意见后确定主要的环境因素。

表 5-7　畜禽养殖业主要环境要素识别

影响因子	影响源	畜禽舍建设	畜禽饲养	畜禽粪便存储	养殖污水排放	粪便利用方式
环境污染	畜禽粪便					
	养殖废水					
	大气环境					
	地表水环境					
	地下水环境					
	土地					
	土壤					
社会经济	畜禽养殖业总产值					
	畜禽养殖业占农业总产值的比重					

（续）

影响因子 \ 影响源		畜禽舍建设	畜禽饲养	畜禽粪便存储	养殖污水排放	粪便利用方式
社会经济	畜禽养殖业农民净收入					
	规模化养殖量占全社会养殖总量的比重（%）					
	人口数量、密度、增长率					
生态养殖模式的应用情况	生态养殖模式的覆盖率（%）					

（三）实例分析

青海湖景区位于青海省东北部，介于东经 $99°37'\sim$ $100°47'$，北纬 $37°15'\sim37°47'$，青藏高原与黄土高原的衔接地带，是中国最大的内陆湖，目前的湖水面积 $4\ 274km^2$。独特的地理位置及气候条件造就了青海湖多样的景观及生态系统，孕育出了高品位的、类型丰富的、独特的旅游资源，是青海省旅游发展的龙头景区和青藏铁路旅游线带的重点景区。但由于其地处西部，周围的经济发展水平相对比较落后，资金、人力、管理等各种问题都得不到很好的解决，青海湖的旅游产业综合效益仍然较低。

为实现青海省于 2007 年初提出的"打造高原旅游名省"战略目标，青海省旅游局委托中国科学院地理科学与资源研究所于 2007 年 7 月至 11 月在青海湖进行了全新规划，以期青海湖景区实现跨越式发展。由于青海湖地处青藏高原东部，是青藏高原的生态屏障，同时沿湖涉及 2 个自治州的 3 个县，受影响农牧民将达 10 万人左右，为了最大限度地做好青海湖旅游开发与环境保护、社区利益相协调，规划组对规划的环境进行了识别，并据此通过改变、调整一些可能引起负面环境的项目。

表5-8　青海湖景区旅游规划环境影响识别矩阵

影响受体	相关活动	道路建设	接待设施	码头建设	集中居住	退耕还草	水上娱乐	生态旅游	文化旅游
自然资源	土地资源	I×→长	I×→长	I×→长	I√→长	I×←长	?	?	?
	水资源	?	II×→长	II×←长	?	?	I×←长	?	?
	草地资源	I×→长	?	?	II√←长	I×←长	?	II×←长	?
景观资源	自然景观	I×→长	?	?	?	I×←长	II×→	II×←长	I××短
	人文景观	II√←短	II√←短	I×←长	I×←长	?	I×←短	?	I××长
	大气环境	?	II√←短	I×←长	II√	II√	I×←短	II×←长	I××长
	水环境	II√←短	II√←短	I×←长	?	?	I×←短	I×←长	?
生态环境	声环境	II×←短	II×←短	I×←长	II√←短	?	I×←短	II×←长	I×←长
	水生生态	?	?	I×←长	?	?	?	II×←长	?
	陆生生态	I×←短	II×←短	?	II√短	I√长	?	II×←长	?
环境敏感区	自然保护区核心区	?	?	?	?	?	?	II×←长	?
	沙漠化区域	I×→短	?	?	?	?	?	II×←长	?
	野生动物栖息地（非核心区）	I×→短	?	I×←长	?	?	?	II×←长	?
社会经济文化	环湖地区城镇发展	II√长	II√长	II√长	II√长	?	?	?	II√长
	环湖地区人民生活	II√长	II√长	II√长	II√长	I	?	II√长	II√长
	民族传统文化	?	?	?	II×←短	I√长	?	?	I××短

注：Ⅰ/Ⅱ：直接/间接影响；√/×：有利/不利影响；←/→：可逆/不可逆影响；长/短：长期/短期影响；?：不确定影响。

青海湖旅游规划的环境识别是按以上四步骤进行。首先进行环境项目分类；其次对环境要素；然后构造环境因素识别矩阵（表5-8）；最后环境分析。

从表5-8中可以看出，规划实施将对青海湖景区的自然生态环境带来一定的负面影响，道路、接待设施等建设施工项目是可能产生长期不利影响的主要因素，而对推动当地的社会经济发展具有积极、长远的意义。从识别结果可以看出，青海湖的自然生态环境和社会文化环境都具有相当的脆弱性，旅游开发对青海湖地区的环境将是多方面的，据此提出以世界自然遗产地的建设标准来指导青海湖的整体环境保护和旅游开发。

五、畜禽养殖业规划环境预测与评价方法

畜禽养殖业规划环境预测为畜禽养殖业对水环境、大气环境、土壤环境的影响，明确影响的程度与范围，评价规划实施后评价区域环境质量能否满足相应功能区的要求，预测畜禽养殖业对区域生物多样性、生态功能和生态景观的影响，明确规划实施对生态系统结构和功能所造成的影响性质与程度，预测畜禽养殖业对自然保护区、饮用水水源保护区、风景名胜区等环境敏感区和重点环境保护目标的影响，评价其是否符合相应的保护要求。

（一）适用方法

分不同评价时段对养殖区规划实施可能产生的影响进行预测与评价，包括畜禽规划实施的直接的、间接的环境影响，以及可预见的诱发环境影响。

环境要素的预测与评价方法可参照各环境要素的环境评价技术导则执行。

表5-9　畜禽养殖业规划环境预测与评价方法

方法名称	原理	优点	缺点	适用性分析
环境数学模型	用数学形式定量表示环境系统或环境要素的变化过程和变化规律	能定量分析产生累积影响的因果关系，反映累积影响的时空特征，具有较大的灵活性	建模需要对相应的环境系统有比较充分的了解，模型只能在其适用范围内使用，对基础数据要求和开发成本较高	通过数学模型预测规划实施对大气、水等的影响预测
情景分析法	将未受影响时的环境状况和受规划行动在不同时间和条件下影响后的状况按照年代的顺序一幕幕地进行描绘的一种方法	可以反映出不同的规划方案（经济活动）情景下的环境后果，以及一系列主要变化的过程，便于研究、比较和决策。还可以提醒评价人员注意开发行动中的某些活动或政策可能引起重大的后果和环境风险	只是建立了一套进行环境评价的框架，分析每一幕景下的具体环境还必须依赖于其他一些有力的评价方法	通过情景来显示最终受影响的后果，以及用情景来描述环境受影响后所发生的一系列主要变化的过程，最终可依据所展示的情况做出评价
趋势预测法	又称趋势分析法，是指自变量为时间，因变量为影响的函数的模式	是考虑时间序列发展趋势，使预测结果能更好地符合实际	因突出时间序列暂不考虑外界因素影响，因而存在着预测误差的缺陷，当遇到外界发生较大变化，往往会有较大偏差	可应用于畜禽养殖业规划预测。如畜禽养殖业量和耕地负荷的预测
环境承载力分析法	视环境承载力为n维空间的1个矢量，评价时选取相应的变量指标，比较其矢量的模拟估算区域的环境承载力	建立在微观研究的基础上，直接同社会、经济发展相联系	建立环境、社会、经济之间的联系存在一定的困难，是进行承载力研究的主要障碍	畜禽养殖业规划中水、大气和土地等承载力

（二）实例分析

1. 大气环境预测与评价　以"山西晋东大型煤炭基地阳泉矿区总体规划"中大气环境预测与评价为例。

该评价采用 ADMS 模型预测矿区开发不同时期大气污染排放对矿区环境空气质量的影响。重点分析矿区开发对矿区大气环境的趋势影响，仅选择年平均浓度进行预测，同时重视对矿区内城镇等居民集中区的影响，对阳泉市的大气环境利用例行监测数据进行了浓度叠加计算。

预测结果表明，矿区规划实施后对阳泉市环境空气质量监控点的贡献很小，市区各监控点 NO_2、PM_{10} 在规划实施后没有超标，SO_2 除阳泉监控点外，其余监控点均超标，超标原因为现状已超标。

2. 水环境预测与评价　以"南京港总体规划"中港区污水排放影响预测与评价为例。

（1）预测模型　长江南京段感潮河段，水流为非均匀质。鉴于规划环境阶段影响源预测具有较强的不确定性，评价采用简化的二维无限均匀流场移流扩散方程趋势化的模拟港区排放污水中主要污染物的扩散范围和影响程度，并叠加污染物环境现状背景值，分析水环境功能目标的达标可能性。

$$C(x, y) = \frac{2Q}{uh\sqrt{4\pi D_y x/u}} exp\left(-\frac{y^2 u}{4D_y x}\right)$$

式中：$C(x, y)$——下游河段距离 x 处水断面距离 y 处污染物
浓度，mg/L；

　　　　Q——瞬时排放的污染物源强，g/s；

　　　　u——评价流速，m/s，取 1.0m/s；

　　　　h——水深，m，取 10m；

　　　　D_y——横向扩散系数，D_y=hu/200=0.05。

（2）预测结果　各港区 2004 年、2010 年和 2020 年 COD、

BOD_5、SS、NH_3-N 扩散浓度叠加环境背景之后超二类水质标准距离预测结果，各港区不同规划年石油类扩散浓度叠加环境背景之后超二类水质标准，其中船舶含油污水排放量分别为 100mg/L 和 15mg/L，海轮油污水接收处理率 75%，内河进出港船舶 20%，全部船舶含油污水的接收处理率达到 80%。

（3）影响评价　各预测水平年 COD、BOD_5、SS、NH_3-N 的超标距离除龙潭港区较小外，其他港区均很小（超标距离小于 0.2m）。为了保护长江水质，需进一步减少船舶和港区污水的影响范围，各港区、进出南京港的船舶以及过往南京港的船舶均应加强对生活污水的处理。

当船舶含油污水排放质量浓度控制在 100mg/L 时，各预测水平年石油类质量浓度的超标距离除龙潭港区大外（2020 年接近 3km），其他港区均较大（超标距离小于 1km）。当船舶含有污水排放质量浓度控制在 15mg/L、10mg/L 时，各预测水平年石油类浓度的超标距离除龙潭港区较大外（2020 年控制在 400m 和 280m），其他港区均不大（超标距离控制在 100m 左右）。因此，为减少船舶和港区含油污水的影响范围，各港区、进出南京港的船舶以及过往南京港的船舶均应加强对船舶含有污水的收集和处理。

（三）粪便对环境的影响评价方法

1. 畜禽粪便耕地负荷　计算畜禽粪便负荷量则以农田耕地面积作为实际的负载面积。以畜禽饲养量和当年耕地面积为准，计算公式为：

$$q = Q/S = \sum XT/S$$

式中：q——畜禽粪便以猪粪当量计的负荷量，$t/(hm^2 \cdot y)$；

　　　Q——各类畜禽粪便猪粪当量总量，t/y；

　　　S——有效耕地面积，hm^2；

　　　X——各类畜禽粪便量，t/y；

T——各类畜禽粪便换算成猪粪当量的换算系数。

2. 负荷分级　　畜禽粪便负荷量的大小只是间接衡量一个地区畜禽饲养密度及畜禽养殖业布局是否合理的标志，不能全面反映一个地区畜禽粪便是否过载及对环境是否构成污染的威胁性等问题。为了客观的反映这些问题，对畜禽粪便负荷量承受程度进行分级。

畜禽粪便猪粪当量负荷（q）与当地农田以猪粪当量计的畜禽粪便最大适宜施用量（P）的比值来衡量，即 $r=q/P$，其中 r 为畜禽粪便负荷量承受有关的警报值。

在一般的条件和合理施用情况下，当耕地负荷警报值 r＜0.4 时，说明该地区畜禽粪便可完全被农田环境所消纳和承受，对环境不构成威胁。随着警报值 r 的逐渐增大，级数也越来越高，畜禽粪便将逐渐超过农田的可消纳量或承受程度，对环境造成污染的威胁性将越来越大。其中畜禽粪便负荷警报值分级见表 5-10。

表 5-10　　畜禽粪便负荷警报值分级

警报值 r	≤0.4	0.4～0.7	0.7～1.0	1.0～1.5	1.5～2.5	＞2.5
分级级数	I	II	III	IV	V	VI
对环境构成污染的威胁	无	稍有	有	较严重	严重	很严重

参 考 文 献

包存宽，尚金成，陆雍森.2007.前后对比分析法在战略环境评价中应用初探.环境科学学报，21（7）：754-758.

常春芝.2007.环境承载力分析在规划环境评价中的应用.气象与环境学报，23（2）：38-41.

陈燕.1998.环境承载力分析方法在嵩明县工业布局规划中的应用.云南环

境科学，17（4）：7-8.

董家华，包存宽，蒋大和.2006.土地利用规划环境影响评价的技术方法.四川环境，25（3）：50-54.

国家环境保护总局.2003.规划环境评价技术导则.HJ/T 130—2003（试行）.

国家环境保护总局.2009.畜禽养殖业污染治理工程技术规范.HJ 497—2009.

环境保护部环境评价司.2009.战略环境评价实例讲评（第二辑）.北京：中国环境科学出版社.

寇刘秀，蒋大和.2007.交通规划环境影响评价技术方法研究.河北工程大学学报（自然科学版），24（1）：35-39.

李箐，马蔚纯，余琦.2003.战略环境评价的方法体系探讨.上海环境科学（增刊）：114-118/123.

马兰，和树桩，李跃逊.2007.对比分析法在规划环境评价中的应用//第二届全国规划环境评价技术与管理交流会：55-58.

王晓燕，汪清平，蔡新广，等.2007.基于灰色理论的畜禽粪便环境污染风险预测分析［J］.家畜生态学报，28（7）：158-172.

肖波，钱瑜.2009.规划环境影响评价技术方法发展现状及其局限.环境科技，22（3）：57-60.

钟林生，徐建文.2008.旅游规划的环境识别探讨.长江流域资源与环境，17（5）：814-818.

第六章 畜禽养殖业资源与环境承载力评估

第一节 环境承载力

一、环境承载力的概念及其发展

承载力研究最早可追溯到 1758 年，法国经济学家奎士纳在他的《经济核算表》一书中讨论了土地生产力与经济财富的关系。随后，马尔萨斯在《人口原理》中提出：人口具有迅速繁殖的倾向，这种倾向受资源环境（主要是土地和粮食）的约束，会限制经济的增长，长期内每一个国家的人均收入将会收敛到其静态的均衡水平，这就是所谓的"马尔萨斯陷阱"。与承载力有关内容的研究虽然早已开始，但直到 1921 年，人类生态学学者帕克和伯吉斯才确切地提出了承载力这一概念，即"某一特定环境条件下（主要指生存空间、营养物质、阳光等生态因子的组合），某种个体存在数量的最高极限"。

1953 年，Odum 在《生态学原理》中，将承载力概念与对数增长方程赋予了承载力概念较精确的数学形式。1972 年，由一批科学家和经济学家组成的"罗马俱乐部"发表了关于世界发展趋势的研究报告《增长的极限》。他们认为，人类社会的增长由五种相互影响、相互制约的发展趋势构成：即加速发展的工业化人口剧增、粮食私有制、不可再生资源枯竭以及生态环境日益恶化，并且它们均以指数形式增长而非线性增长，全球的增长将会因为粮食短缺和环境破坏在某个时段内达到极限，他们的观点使大家认识到，在追求经济增长的同时，必须关注资源环境承载力问题。

20 世纪 80 年代，联合国教科文组织提出了"资源承载力"的概念，即"一国或一地区的资源承载力是指在可以预见的时期内，利用该地区的能源及其他自然资源和智力、技术等条件，在保证符合其社会文化准则的物质生活条件下，能维持供养的人口数量"。1995 年，Arrow 与其他学者发表了《经济增长承载力和环境》一文，引起了承载力研究的热潮。目前，随着承载力概念在人口、自然资源、生态及其环境领域的广泛应用，同时在经济和社会各个领域进行延伸，很多学者从不同角度对资源环境承载力进行界定和理论探索，取得了丰硕成果，资源环境承载力思想便在全球形成了。

关于环境承载力目前大致主要有 3 种类型的定义方式：从"容量"角度的定义，如高吉喜在《可持续发展理论探索》一书中指出，"环境承载力是指在一定生活水平和环境质量要求下，在不超出生态系统弹性限度条件下环境子系统所能承纳的污染物数量，以及可支撑的经济规模与相应人口数量。"从"阈值"角度的定义，如"环境承载力是指在某一时期、某种环境状态下，某一区域环境对人类社会经济活动的支持能力阈值"。在中国大百科全书中，环境承载力的定义是"在维持环境系统功能与结构不发生变化的前提下，整个地球生物圈或某一区域所能承受的人类作用在规模、强度和速度上的限值"。郭秀锐等学者认为，"环境承载力是指在一定时期、一定状态或条件下，一定环境系统所能承受的生物和人文系统正常运行的最大支持阈值。"从"能力"角度的定义，彭再德等学者将环境承载力定义为"在一定的时期和一定区域范围内，在维持区域环境系统结构不发生质的改变，区域环境功能不朝恶性方向转变的条件下，区域环境系统所能承受的人类各种社会经济活动的能力"。

环境承载力的定义方式虽然不同，但是各种定义都注重区域环境系统结构和功能的完整，而由于定义中对环境泛指过大，涉及范围广,在一定程度上导致了环境承载力可操作性较差,不易于量化,这也是目前没有能够形成公认的环境承载力量化方法的重要原因之一。

二、环境承载力的主要特征

环境承载力作为判断人类社会经济活动与环境是否协调的指标,具有以下主要特征:

1. 客观性和主观性 客观性体现在一定时期、一定状态下的环境承载力是客观存在的,是可以衡量和评价的,它是该区域环境结构和功能的一种表征;主观性体现在人们用怎样的判断标准和量化方法去衡量它,也就是人们对环境承载力的评价分析具有主观性。

2. 区域性和时间性 环境承载力的区域性和时间性是指不同时期、不同区域的环境承载力是不同的,相应的评价指标的选取和量化评价方法也应有所不同。

3. 动态性和可调控性 环境承载力的动态性和可调控性是指其大小是随着时间、空间和生产力水平的变化而变化的。人类可以通过改变经济增长方式、提高技术水平等手段来提高区域环境承载力,使其向有利于人类的方向发展。

环境承载力既不是一个纯粹描述自然环境特征的量,也不是一个描述人类社会的量,它与环境容量是有区别的。环境容量是指某区域环境系统对该区域发展规模及各类活动要素的最大容纳阈值。这些活动要素包括自然环境的各种要素(大气、水、土壤、生物等)和社会环境的各种要素(人口、经济、建筑、交通等),环境容量侧重反映环境系统的自然属性,即内在的天赋和性质。环境承载力则侧重体现和反映环境系统的社会属性,即外在的社会禀赋和性质,环境系统的结构和功能是其承载力的根源。在科学技术和社会关系发展的一定历史阶段,环境容量具有相对的确定性、有限性；而一定时期，一定状态下的环境承载力也是有限的，这是两者的共同之处，为了将环境容量和环境承载力统一起来，李辛琪等学者提出了环境承载力的概念。

环境承载力反映了人类与环境相互作用的界面特征，是研究环境与经济是否协调发展的一个重要判据，它与生态承载力也是有区别的，生态承载力可以概括为生态系统的自我维持、自我调节能力，资源与环境子系统的供容能力及其可维育的社会经济活动强度和具有一定生活水平的人口数量。从这个定义可以看出，生态承载力取决于生态系统的弹性能力、资源承载能力和环境承载能力；而环境承载力则取决于环境系统本身的结构和功能，生态承载力的"施力者"是整个生态系统；环境承载力的"施力者"是环境系统。可以认为生态承载力比环境承载力更复杂，环境承载力比生态承载力更具体、针对性更强。

三、环境承载力定量研究的主要方法

环境承载力定量化评价主要是在理论研究的基础上，针对环境承载力评价指标的具体数值，采用统计学方法、系统动力学方法等对环境承载力进行综合分析。概括起来，目前主要有指数评价法、相对资源环境承载力方法、承载率评价法、系统动力学方法、层次分析法和多目标模型最优化方法等。

（一）指数评价法

指数评价是目前环境承载力量化评价应用较多的一种。该种评价法需要根据各项评价指标的具体数值，应用统计学方法或其他数学方法计算出综合环境承载力指数，进而实现环境承载力的评价。目前用于计算环境承载力指数的方法主要有矢量模法、模糊评价法、主成分分析法等。

矢量模法是将环境承载力视为 n 维空间的一个矢量，这一矢量随人类社会经济活动方向和大小的不同而不同。设有 m 个发展方案或 m 个时期的发展状态，分别对应着 m 个环境承载力，对每个环境承载力的 n 个指标进行归一化，则归一化后向量的模即是相应方案或时期的环境承载力。通过比较各矢量模的大小来比较不同发展方案或发展状态下的环境承载力的大小。曾维华等从大气环境、水环境、水生生态稳定性、水资源和土地资源五个方面，选取 5 项指标，应用矢量模法对湄洲湾各规划小区的环境承载力进行了系统分析与评价，进而提出该地区经济发展与环境保护的总体战略。应用矢量模法进行环境承载力指数计算简单易行，但在各项指标权重确定方法，一般采用均权数法或其他人为方法，这样势必会受主观人为因素的影响，可能使计算结果产生一定偏差。

模糊评价法是将环境承载力视为一个模糊综合评价过程，通过合成运算，可得出评价对象从整体上对于各评价等级的隶属度，再通过取大或取小运算就可确定评价对象的最终评价。高彦春等学者应用模糊评价法进行了区域水资源承载力的研究。这种方法的局限性来自于模型本身，因其取大取小的运算法则会遗失大量有用信息，当评价因素越多，遗失有用信息就越多，信息利用率就越低，误判可能性越大。

主成分分析法在一定程度上克服矢量模法和模糊评价法的缺陷，它是在力保数据信息丢失最小的原则下，对高维变量进行降维处理。即在保证数据信息损失最小的前提下，经线性变换和舍弃一小部分信息，以少数综合变量取代原始采用的多维变量。其本质目的是对高维变量系统进行最佳综合与简化，同时也客观地确定各个指标的权重，避免了主观随意性。潘东旭等学者从消耗类指标、支撑类指标和区际交流类指标三个方面确定区域承载力评价因子体系，并采用主成分分析方法研究了徐州市资源环境承载力现状、变化与原因，提出了增强区域承载力，实施可持续发展战略的对策措施。

（二）相对资源环境承载力方法

相对资源承载力以比研究区更大的一个或数个参照区作为对比标准，根据参照区的人均资源的拥有量或消费量、研究区域的资源存量，计算出研究区域的各种类型相对的资源环境承载力。其计算步骤为：

1. 相对自然资源承载力 $Crl = Il \times Ql$，其中 $Il = Qpo/Qlo$，Crl 为相对自然资源承载力，Il 为自然资源承载指数，Ql 为研究区粮食产量，Qpo 为参照区人口数量，Qlo 为参照区粮食产量。

2. 相对经济资源承载力 $Cre = Ie \times Qe$，$Ie = Qpo/Qeo$，Cre 为相对经济资源承载力，Ie 为经济资源承载指数，Qe 为研究区国内生产总值，Qpo 为参照区人口数，Qeo 为参照区国内生产总值。

3. 综合承载力

$$Cs = (Crl + Cre)/2$$

在得出某地区综合承载力的基础上，通过与实际人口数量的比较，能够获取不同时间段该地区相对于参照区域的承载状态，包括三种类型：超载状态、富余状态和临界状态。

相对资源环境承载力方法便于计算，能够清楚看到一个地区资源环境承载力的趋势。缺陷是该方法涉及的因子不多，不能具体了解各地区的实际资源环境承载力。

（三）承载率评价法

承载率评价是目前比较流行的一种评价环境承载力的方法。该种方法需要通过计算环境承载率，来评价环境承载力的大小。承载率是指区域环境承载量（环境承载力指标体系中各项指标的现实取值）与该区域环境承载量阈值（各项指标上限值）的比值，环境承载量阈值可以是容易得到的理论最佳值或者是预期要达到的目标值（标准值）。唐剑武在对山东某市的环境承载力进行分析时，用污染承受类的 SO_2、TSP、COD、总磷浓度、噪声，以及自然资源类的地下水开采量，社会条件类的单位绿地面积人群数（1/人均绿地面积）、单位居住面积人群数（1/人均居住面积）等共 8 项指标组成指标体系。通过计算环境承载率，来评判当地环境承载量和环境承载力的匹配程度。应用该种方法进行环境承载力评价，可以从评价结果清晰地看出某地区环境发展现状与理想值或目标值的差距，具有一定的现实意义。

（四）系统动力学方法

系统动力学方法也是目前使用的一种重要的进行环境承载力评价的量化方法。这种方法的主要特点是通过一阶微分方程组来反映系统各个模块变量之间的因果反馈关系。在实用中，对不同发展方案采用系统动力学模型进行模拟，并对决策变量进行预测，然后将这些决策变量视为环境承载力的指标体系，再运用前述的指数评价方法进行比较，得到最佳的发展方案及相应的承载能力。英国的 Slesser 提出采用 ECCO 模型作为资源环境承载力的计算方法，该模型在"一切都是能量"的假设前提下，综合考虑人口—资源—环境—发展之间的相互关系，以能量为折算标准，建立系统动力学模型，模拟不同发展策略下，人口与资源环境承载力之间的弹性关系，从而确定以长远发展为目标的区域发展优选方案。该模型在一些国家应用取得了较好的效果，并得到联合国开发计划署的认可。我国的陈传美等应用系统动力学方法进行了郑州市土地承载力研究，但应用该方法对长期发展情况进行模拟时由于参变量不好掌握，有时易导致不合理的结论。

（五）层次分析法

层次分析法是美国匹兹堡大学教授萨蒂于 20 世纪 70 年代提出的一种多目标、多准则的决策方法。层次分析法把复杂的问题分解为各个组成因素，将这些因素按支配关系分组形成有序的层次结构，通过两两比较的方式确定层次中诸因素的相对重要性，然后综合人的判断对各因素的相对重要性进行排序，它可将一些量化困难的问题通过严格数学运算定量化，然后进行综合分析。其分析的步骤如下：

1. 构建判断矩阵　判断矩阵是层次分析法的基本信息。判断矩阵是在总指标（A）的要求下，第一级指标层（$B1$，$B2\cdots Bn$）各要素进行两两比较建立的。矩阵元素 Bij 表示就总指标 A 而言的分指标层各要素 Bi 对 Bj 的相对重要性。相对重要性通常用 $1\sim 9$ 标度值来表示。

2. 权重值的确定　依据判断矩阵求解各层次指标子系统或指标项的相对权重问题，就是计算判断矩阵最大特征根及对应的特征向量问题。

3. 判断矩阵的一致性检验　对于所建立的每一判断矩阵都必须进行一致性比例检验，这一过程是保证最终评估结果正确的前提。单一矩阵的一致性检验通过后，还要进行整体一致性检验，对整个层次结构做一个判断，看看是否合意。

4. 综合指数计算模型　各层指标的计算模型为：

$$Y=l/X$$

式中：Y——各层指标的综合评价值；Xi 为第 i 个指标单项评价值和指标因子的权重。

层次分析方法的优点是对于一些无法测量的因素，只要通过对比进行合理的标度，并且定量信息的要求较少，即可以用这种方法来度量各因素的相对重要性，从而为解决多目标、直接准确计量或无结构特性的复杂问题提供依据。缺陷就是有一些因素通过定量不能准确表达，且权重的选择有时存在较强的主观性，导致结论不是很准确。

（六）多目标模型最优化方法

多目标模型最优化方法是采用大系统分解—协调的思路将

整个系统分解为若干个子系统，各子系统模型即可单独运行，又可配合运行。多目标核心模型为总控模型，它是将各子系统模型中的主要关系提炼出来，根据变量之间的相互关系，对整个大系统内的各种关系进行分析和协调，而子系统模型对系统局部状态进行较详细的分析，子系统模型之间通过多目标核心模型的协调关联变量相连接。冉圣宏等学者采用多目标模型最优化方法对北海市在不同发展方式下的区域环境承载力进行了计算，得出了相应的环境承载力指数，提出了提高区域环境承载力的建议。蒋晓辉等学者应用多目标模型优化法对陕西关中地区水环境承载力进行了研究。多目标模型最优化方法为环境承载力的量化研究提供了一种新的思路，但要求数据量大，且模型求解存在一定难度。

当前可用于环境承载力量化评价的方法很多，它们各有利弊，但由于环境承载力本身的复杂性、模糊性以及影响因素的多样性，对于环境承载力的客观分析与科学评价还有待于进一步研究。

第二节　畜禽养殖业资源环境承载力

资源、环境承载力的评估是制定合理的畜禽养殖业发展目标的重要依据和前提。其目的是探求资源环境要素对规划的支撑能力和限制因素，搞清楚规划设计的资源和环境条件是否支撑规划方案的实施，本质上是对地区可持续发展能力的分析。

一、畜禽养殖业资源承载力

畜禽养殖业规划涉及的资源限制条件主要为土地资源和水资源。

（一）土地资源

作为畜禽养殖业规划，土地资源承载力应该结合当地的土地类型、土地面积、土地利用情况，给出相应的承载畜禽量。《大连城市发展规划环境评价》中对土地资源承载力进行了分析，根据可利用土地量和土地人口承载力计算指标，估算城区可承载人口数。《福州市轨道交通建设及网络规划环境评价》中通过测算福州市轨道交通线网规划中的近、远期土地资源需求量所占新增建设用地的比例，来分析土地资源是否为轨道交通规划建设的制约因素。

（二）水资源

作为畜禽养殖业规划，水资源承载力应该给出当地的水资源量，雨水、外来水、地下水、地表水、再生水等，并结合当地的工、农业特点，分析畜禽养殖业规划的实施是否对水资源供应造成不利影响。《福州市轨道交通建设及网络规划环境评价》通过类比得出整个线网规划总用水量，通过分析总用水量占轨道交通规划范围水厂供水能力的比例，得出轨道交通建设是否会对水资源的供应造成不利影响。

二、畜禽养殖业环境承载力

环境承载能力指在不违反环境质量目标的前提下，一个区域环境能容纳的经济增长、社会发展的限度以及相应的污染物排放量。确定环境承载力必须分析区域的增长变量人口、生活水平、经济活动强度和速度以及污染物的排放量等和限制因素自然环境质量、生态稳定性、基础设施的能力等之间的关系。依据环境承载力的理论，畜禽养殖业环境承载力是指在某一时期某种环境状态下，在维持区域环境系统结构不发生质的改变，区域环境功能不朝恶性方向转变的条件下，该区域的环境系统对畜禽养殖业这一经济活动的支持能力。畜禽养殖业环境承载力的分析要点见表6-1。

表6-1　畜禽养殖业环境承载力的分析要点

	水资源量
	现状和未来畜禽养殖业发展水平
影响因素	区域耕地量耕地对畜禽粪便的容纳作用
	科学的饲养技术、污染治理技术的发展
	政策、法规、规划等因素

　　胡雪飚采用系统分析模型对重庆市畜禽养殖业活动进行分析，选择8项指标：牧业总产值（万元）、地表径流量（亿 m^3）、年末实有耕地面积（万 hm^2）、污水产生量（万 m^3）、COD产生量（t）、总氮产生量（t）、总磷产生量（t）、总钾产生量（t）。用系统分析法计算结果来说明畜禽养殖业活动与环境的协调程度以及可持续性，以畜禽养殖业环境承载力综合值为依据计算分析畜禽养殖业环境承载力与养殖当量的关系。

　　史光华主要从畜禽粪便的土壤消纳能力分析北京市郊区畜禽粪便土壤承载力，为了反映畜禽粪便的土壤负荷程度，引用畜禽粪便负荷警报值。计算出北京郊区各区县目前的粪便负荷，并给出相应的粪便负荷警报值来说明各郊区畜禽粪便对环境造成污染的严重程度。

　　由于畜禽养殖业集约化的程度越来越高，专业化的特征也越来越明显，最终导致了养殖业与种植业的分离，畜禽粪尿还田费力、劳动成本高，且存在着运输施用等问题，造成畜禽粪便利用率低。畜禽养殖业对土壤环境的影响主要表现在规模养殖场周边地区农田畜禽粪便负荷过大。对于土壤，结合当地土壤能消纳的畜禽粪便负荷，提出土壤可容纳的畜禽粪便量；对于排水应结合纳污水体的情况，给出可容纳的水污染物量。对于畜禽养殖业环境承载力的研究目前尚无统一和成熟的方法。

参 考 文 献

高吉喜 . 2001. 2001 可持续发展理论探索 . 北京：中国环境科学出版社 .

高彦春，刘昌明 . 1997. 区域水资源开发利用的阈限分析 . 水利学报（8）：73-79.

郭秀锐，毛显强，冉圣宏 . 2000. 国内环境承载力研究进展 . 中国人口・资源与环境，10（3）：28-30.

胡雪飚 . 重庆市畜禽养殖业区域环境承载力研究及污染防治对策 . 重庆：重庆大学 .

蒋晓辉，黄强，惠泱河，等 . 2001. 陕西关中地区水环境承载力研究 . 环境科学学报，21（3）：312-317.

景跃军，陈英姿 . 2006. 关于资源承载力的研究综述及思考 . 中国人口・资源与环境（5）：11-13.

李新琪，海热提，涂尔逊 . 2000. 区域环境容载力理论及评价指标体系初步研究，23（4）：362-370.

刘兆德，虞孝感 . 2002. 长江流域相对资源承载力与可持续发展研究 . 江流域资源与环境（1）：10-15.

马爱锄 . 2003. 西北开发资源环境承载力研究 . 杨凌：西北农林科技大学 .

潘东旭，冯本超 . 2003. 徐州市区域承载力实证研究 . 中国矿业大学学报，32（5）：596-600.

潘士远，史晋川 . 2002. 内生经济增民理论：一个文献综述 . 经济学季刊（4）：753-786.

彭再德，杨凯，王云 . 1996. 区域环境承载力研究方法初探 . 中国环境科学，16（1）：6-10.

冉圣宏，薛纪渝，王华东 . 1998. 区域环境承载力在北海市城市可持续发展研究中的应用 . 中国环境科学（18）：83-87.

史光华 . 北京郊区集约化畜牧业发展的生态环境及其对策研究 . 北京：中国农业大学 .

唐剑武，叶文虎 . 1998. 环境承载力的本质及其定量化初步研究 . 中国环境科学，18（3）：227-230.

王俭，孙铁珩，李培军，等 . 2005. 环境承载力研究进展 . 应用生态学报，16（4）：768-772.

相震 . 2006. 城市环境复合承载力研究 . 南京：南京理工大学 .

曾维华，王华东，薛纪渝，叶文虎，等 . 1998. 环境承载力理论及其在湄洲湾污染控制规划中的应用 . 中国环境科学（18）：70-73.

ARROW K，BOLIN，COSTANZA R. 1995. Economic growth，carrying capacity，and the environment. Science（268）：520-521.

Slesser M. 1990. Enhancement of Carrying Capacity Option ECCO. London：The Resource Use Institute.

第七章　畜禽养殖业环境污染
主要减缓措施

第一节　畜禽养殖业环境管理措施

一、合理规划

合理规划主要指农牧结合、种养平衡，即根据本地区土地面积和环境承载力，确定当地的消纳粪便能力，从而控制畜禽养殖业规模，使畜禽粪便能够最大限度地在农业生产中得到利用。

1. 畜禽养殖场的建设应坚持农牧结合、种养平衡的原则，根据本场区土地（包括与其他法人签约承诺消纳本场区产生粪便污水的土地）对畜禽粪便的消纳能力，确定新建畜禽养殖场的养殖规模。

应以在较低成本下促进畜禽粪便还田为目标，而产业带的发展模式造成养殖专业户集中于某些地区，畜禽养殖业粪便与农田的距离拉大，农村城镇化的发展和城镇建设占地，使得可有效消纳畜禽粪便的农田面积不断减少，对减少区域内畜禽养殖业数量和对现有畜禽养殖场进行合理布局。

2. 对于无相应消纳土地的养殖场，必须配套建立具有相应加工（处理）能力的粪便污水处理设施或处理（置）机制。

国外经验表明：建造畜禽场固液废弃物化粪池是减少农业面源污染的有效途径之一。但调查表明，国内规模化畜禽场粪便的固体粪储存方式主要有场内粪棚堆放和露天堆放两种，没有化粪池，有的养殖场只有简单的堆粪棚，况且场内堆粪棚的容积各场也相差比较大。因此流域内的畜禽养殖场应根据其饲养量，建设粪棚和场内污水贮存设施，推行化粪池建设，并且化粪池规模要达到可贮放 6 个月排出的固液废弃物；同时要求化粪池密封性好，不能产生径流和侧渗。

3. 畜禽养殖场的设置应符合区域污染物排放总量控制要求。

二、科学布局

科学布局从区域发展布局上防治污染，在选址上尽量把畜禽养殖场设在人少地多之处，以便粪尿污水能够就近还田。在厂区布局上，考虑分区管理以利于对畜禽污染物进行下一步处理处置。

1. 禁止在下列区域内建设畜禽养殖场：生活饮用水水源保护区、风景名胜区、自然保护区的核心区及缓冲区；城市和城镇居民区，包括文教科研区、医疗区、商业区、工业区、游览区等人口集中地区；县级人民政府依法划定的禁养区域；国家或地方法律、法规规定需特殊保护的其他区域。

2. 新建、改建、扩建的畜禽养殖场选址应避开规定的禁建区域，在禁建区域附近建设的，应设在规定的禁建区域常年主导风向的下风向或侧风向处，场界与禁建区域边界的最小距离不得小于 500m。

3. 新建、改建、扩建的畜禽养殖场应实现生产区、生活管理区的隔离，粪便污水处理设施和禽畜尸体焚烧炉，应设在养殖场的生产区、生活管理区的常年主导风向的下风向或侧风向处。

三、建立必要的控制监督体系和奖惩措施

有效的监督机制对执行环境法规有着重要的作用。鼓励畜禽养

殖场、养殖小区采用先进养殖方式实施规模化养殖，实行污染物零排放或者减量排放的生态养殖方式（例如自然养猪法等）。新建、改建、扩建畜禽养殖场要进行环境评价，要有"三同时"措施。

对畜禽养殖业污染的控制，则需要源头控制的监督体系和相应机制。而目前缺乏源头控制的监督体系和相应的奖惩措施，对农民和农村畜禽养殖专业户不规范生产、经营行为缺乏指导和监督。为此应依托流域内管理部门和农村农业技术推广体系，建立源头控制的监督机制和体系。通过市、地方、农户共同投资方式，试行限定性农业生产技术标准，鼓励和推动环境友好的替代技术和限定性农业生产技术标准的广泛应用，对造成严重环境的不规范生产行为实施相应的惩罚措施。

饲料质量控制，减少氨气、甲烷及氮磷污染物排放。通过科学配制饲料、改变饲喂方式等减少畜禽排泄物中的氮、磷等有机营养元素的含量，提高营养元素的利用率。

第二节　畜禽养殖业环境保护
工程技术措施

一、清粪工艺

规模化养殖清粪工艺主要有三种：水冲式、水泡粪和干清粪工艺。水冲式、水泡粪清粪工艺，耗水量大，并且排出的污水和粪尿混合在一起，给后处理带来很大困难，而且固液分离后的干物质肥料价值大大降低，粪中的大部分可溶性有机物进入液体，使得液体部分的浓度很高，增加了处理难度。采取干清粪方式清理畜禽养殖场，可以减少污水产生量，减轻后续废水处理难度，降低处理成本，提高畜禽粪便有机肥效，从而节约用水、保护环境。现有采用水冲粪、水泡粪清粪工艺的养殖场，应逐步改为干法清粪工艺。不同清粪工艺特点比较见表7-1。

表 7 - 1　不同清粪工艺比较

项　目	水冲式	水泡粪	干清粪
工艺流程	粪尿污水混合进入缝隙地板下的粪沟，由高压冲洗水冲入粪便干沟	排粪沟中注入一定量水，粪尿、冲洗水等污水一并排入粪沟中，储存一定时间后，待粪沟装满，将粪水排出	粪便一经产生便分流干粪收集运走，尿及污水从下水道流出
污水水量平均每头（L/d）	35～40	20～25	10～15
污水水质（mg/L）	BOD_5 5 000～6 000 COD_{Cr} 11 000～13 000 SS 17 000～20 000	BOD_5 8 000～10 000 COD_{Cr} 8 000～24 000 SS 28 000～350 000	BOD_5 200～800 COD_{Cr} 800～1 500 SS 350～3 100
肥料价值	低	低	高
投资费用	粪污收集系统不需单独投资	粪污收集系统不需单独投资	人工清粪：低　机械清粪：高
运行费用	高	高	低
后处理难度	高	高	低
备注	—	粪便长时间在粪沟停留，厌氧发酵产生臭气	—

二、粪便处理技术

当前畜禽粪便处理的主要方法有土壤直接处理、干燥处理、堆肥处理和沼气发酵。

1. 土壤直接处理　土壤直接处理是把畜禽场的固体污物贮存在粪池中，直接用于土地作底肥，使其在土壤微生物作用下氧化分解。此法方便、简单，多为农村散养户采用。但粪便中的病菌、硝酸盐含量高，极易造成土壤、地表水、地下水等二次污染，我国畜禽业法律法规明确禁止未经无害化处理的粪便直接施用于农田。

2. 干燥处理 干燥处理即利用能量（热能、太阳能、风能等）对粪便进行处理，减少粪便中的水分并达到除臭和灭菌的效果。此法多用于对鸡粪的处理，干燥处理后生产有机肥。

3. 堆肥处理 将畜禽粪便等有机固体废物集中堆放并在微生物作用下使有机物发生生物降解，形成一种类似腐殖质土壤的物质过程。堆肥是我国民间处理养殖场粪便的传统方法，也是国内采用最多的固体粪便净化处理技术，分为自然堆肥和现代堆肥两种类型。贮存在粪池中粪便，也会进行一部分自然厌氧发酵。

4. 沼气发酵 沼气是利用畜禽粪便在密闭的环境中，通过微生物的强烈活动将氧耗尽，形成严格厌氧状态，因而适宜产甲烷菌的生存与活动，最终生成可燃性气体。沼气技术将在后面单独论述，这里不进行分析。

不同粪便处理技术特点及经济、技术和环境指标列于表7-2和表7-3。

表7-2 不同粪便处理技术比较

处理分类		处理工艺或关键处理单元	优点	缺点	备注
土壤直接处理		直接还田	处理方法简单	未经无害化处理，易造成病菌传播和环境污染	多为农村散户采用，法规明确禁止未经无害化处理的粪便直接施用于农田
干燥处理	自然干燥	土地或大棚	投资小、易操作、成本低	占地面积大、干燥效率低、受天气影响大、灭菌不彻底、臭味严重	多用于鸡粪。干燥后进行后处理，也可用于生产有机肥
	机械干燥	干燥设备	干燥速度快、连续生产量大、杀菌除臭熟化快	投资高、能耗大、运行成本高	

（续）

处理分类		处理工艺或关键处理单元	优点	缺点	备注
堆肥	自然堆肥	自然堆放	处理方法简单，成本低，不受设备和场地限值	占地面积大，堆肥过程易出现臭味和霉变；无防渗措施容易污染地表水和地下水	大多数传统养殖场采用
	现代堆肥	生物发酵塔（罐、池）	处理速度快，N、P等元素损失少，经济效益高，污染小	一次性投资较大	少数规模大、资金雄厚养殖场采用

表 7-3　不同粪便处理经济、技术、环境指标

处理分类		经济指标			技术指标		环境指标	
		投资	运行成本	产生效益	腐熟度	灭菌效果	除臭效果	二次污染可能性
土壤直接处理		无	低	较高	低	无	无	很高
干燥处理	自然干燥	小	较小	较小	—	一般	较差	较高
	机械干燥	大	大	较小	—	好	好	小
堆肥	自然堆肥	小	较小	高	较高	较好	一般	较高
	现代堆肥	大 120元/t	较大 400元/t	较高 150元/t	高	好	好	小

　　不同粪便处理技术各有优缺点，畜禽养殖场应当结合自身具体情况，选择最适合的处理方式。根据实际情况，在一定范围内成立专业的有机肥生产中心，在农村大量用肥季节，养殖场通过各自分散堆肥处理直接还田；在用肥淡季，有机肥生产中心可将

附近养殖场多余的粪便收集起来，集中进行好氧堆肥发酵干燥（尤其是现代堆肥法）制作优质复合肥。

三、废水处理技术

畜禽养殖业废水处理有还田利用、自然生物处理、好氧、厌氧及联合处理和沼气生态工程。沼气技术将在后面单独论述。

1. 还田利用　畜禽废水还田作肥料是一种传统、经济有效的处置方法，不仅能有效处理畜禽废弃物，还能将其中有用营养成分循环利用于土壤—植物生态系统，使畜禽废水不排往外环境，达到污染物的零排放，大多数小规模畜禽场采用此法。

2. 自然生物处理法　自然生物处理法是利用天然水体、土壤和生物的物理、化学与生物的综合作用来净化污水。其净化机理主要有过滤、截流、沉淀、物理和化学吸附、化学分解、生物氧化及生物吸收等。此法适宜周围有大量滩涂、池塘畜禽场采用。

3. 好氧处理法　利用好氧微生物的代谢活动来处理废水，在好养条件下，有机物最终氧化为水和二氧化碳，部分有机物被微生物同化产生新的微生物细胞。此法有机物去除率高，出水水质好，但是运行能耗过高，适宜对污染物负荷不高的污水进行处理。

4. 厌氧处理法　在无氧条件下，利用兼性菌和厌氧菌分解有机物，最终产物是以甲烷为主体的可燃性气体（沼气）。厌氧法可以处理高有机物负荷污水，能够得到清洁能源沼气，但是有机物去除率低，出水不能达标。

5. 厌氧—好氧联合处理　联合两种生物处理方式，提高废水处理效率。不同废水处理技术列于下表：

表 7-4 畜禽养殖业废水常用的处理技术

处理分类	处理措施或处理工艺	出水去向	优缺点	备注
还田利用	污水直接灌溉农田	出水还田	经济，但容易污染土壤和地表水、地下水	污染环境
自然生物处理法	氧化塘和养殖塘、土地处理和人工湿地等	出水还田或排入地表水或进入地下水	投资小，动力消耗少；但占地面积大，净化效率相对较低，容易污染地表水和地下水	可实现污水的资源化利用
好氧处理法	氧化塘、土地处理、活性污泥法、生物滤池、生物转盘、生物接触氧化、SBR、A/O及氧化沟等	出水还田或排入地表水，产生的污泥还田	COD、BOD、SS去除率较高，可达到排放标准，但氮、磷去除率低，且工程投资大，运行费用高	实际单独应用较少
厌氧处理法	厌氧滤器（AF）、上流式厌氧污泥床（UASB）、污泥床滤器（UBF）、升流式污泥床反应器（USR）、内循环厌氧反应器（IC）、完全混合式厌氧反应器（CSTR）、两段厌氧消化法	出水还田或排入地表水，产生的沼气作为能源	自身能耗少，运行费用低，且产生能源，但BOD处理效率低，难以达到排放标准，且产生硫化氢、氨气等恶臭污染物	实际应用多，UASB、USR作为核心工艺
厌氧—好氧联合处理	厌氧污泥床（UASB）＋生物接触氧化或活性污泥法＋氧化塘	出水灌溉、养殖或达标排入地表水，产生的沼气作为能源	投资少，运行费用低，净化效果好，综合效益高	

表7-5　畜禽养殖业废水常用处理技术经济、技术、环境指标

处理分类	处理措施处理工艺或关键处理单元	经济指标		技术指标	环境指标
		投资费用	运行费用	出水水质	环境效益
还田利用	污水直接灌溉农田	无	很低	污染物浓度很高	极易产生恶臭和地下水污染
自然生物处理法	氧化塘和养殖塘、土地处理和人工湿地等	很低	较低	较好	易产生臭气、地下水污染
好氧处理法	氧化塘、土地处理、活性污泥法、生物滤池、生物转盘、生物接触氧化、SBR、A/O及氧化沟等	较高 10.0元/t	高 46.6元/t	COD 51%~98% BOD$_5$ 72%~95% TN 74% NH$_3$-N>67% TP 34%~42%	较好
厌氧处理法	厌氧滤器（AF）、上流式厌氧污泥床（UASB）、污泥床滤器（UBF）、升流式污泥床反应器（USR）、内循环厌氧反应器（IC）、完全混合式厌氧反应器（CSTR）、两段厌氧消化法	低 9.9元/t	低 1.0~2.0元/t	COD80%~90% BOD75%~90% NH$_3$-N 30%	易产生臭气
厌氧—好氧联合处理	厌氧污泥床（UASB）＋生物接触氧化或活性污泥床＋氧化塘	较低 17.3/t	较低 0.14~2.6元/t	COD$_{cr}$ 95% BOD$_5$ 90% NH$_3$-N 90% TP 90%	较好

各处理技术经济、技术、环境效益比较见表7-5。综合来看，直接还田和自然生物处理法所需投资、运行费用低，适宜养殖规模小且有大量土地、滩涂、池塘地区采用，但须注意土壤及地表水、地下水污染。而大中型规模养殖场区污水产生量大、污染物浓度高，须根据不同条件采用厌氧、好氧或者联合处理工艺才能使污水处理达标。

四、粪污处理基本工艺模式

规模化养殖场粪污的处理，目前多采用以生物处理为主的方法加以处理，其中以沼气处理技术为核心的处理模式，由于其所具有的处理技术过程符合生态学规律，运行成本相对较低，且能产生清洁能源——沼气，使粪便、废水水实现资源化利用，成为很多规模化养殖场处理污染物的首选工艺。

根据养殖规模、资源量、污水排放标准、投资规模和环境容量等条件，畜禽养殖场沼气项目可从以下三种模式因地制宜的选用。

三种类型的工艺流程如下：

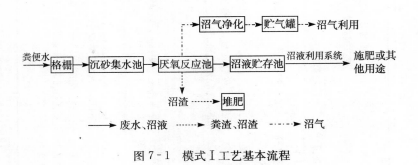

图7-1　模式Ⅰ工艺基本流程

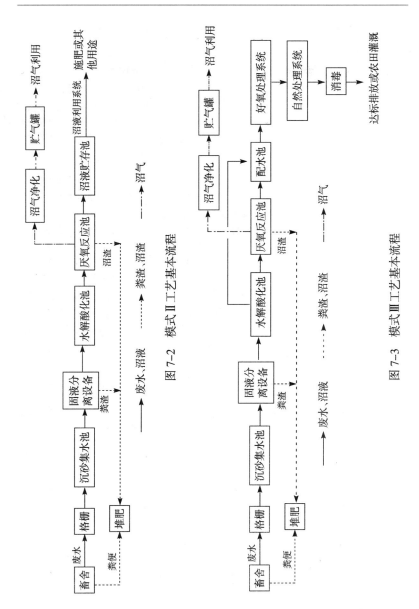

图 7-2　模式 II 工艺基本流程

图 7-3　模式 III 工艺基本流程

表7-6 沼气能源工程类型

工艺类型	关键处理单元	优点	缺点	处理能力	备注
模式 I	厌氧反应池	工艺简单好操作，产气率高，投资少、运行费用低	处理效率不高，配套所占土地较多	养殖规模在存栏（以猪计）2 000头及以下	干清粪工艺的养殖场，不宜采用模式 I 处理工艺。适用于当地有较大的能源需求，沼气能完全利用，同时周边有足够土地消纳沼液、沼渣，并有一倍以上的土地轮作面积，使整个养殖场（区）的畜禽排泄物在小区域范围内全部达到循环利用的情况
模式 II	固液分离、厌氧反应池	处理效率高，排放的污水浓度低，运行费用低	由于固液分离后粪便用于堆肥，沼气获得量较低	养殖规模在存栏（以猪计）2 000头及以下	适用于能源需求不大，主要以进行污染物无害化处理、降低有机物浓度、减少沼液和沼渣消纳所需配套的土地面积为目的，且养殖场周围具有足够土地面积全部消纳
模式 III	固液分离、厌氧反应池、好氧处理系统、次污染自然处理系统	处理效率高，没有二次污染	投资大，运行费用高；管理、操作技术要求高	存栏（以猪计）10 000 头及以上的	能源需求不高且沼液和沼渣无法进行土地消纳，废水必须经处理后达标排放或回用的，应采用模式III处理工艺

表7-7 沼气能源工程经济、技术、环境指标

单位：万元、t、%

工艺类型	经济指标		技术指标	环境指标（去除率：%）				
	投资费用（万元）	运行费用	日处理能力（t）	COD	BOD$_5$	TN	NH$_3$-N	TP
模式 I	10~20	低	20	75~85	—	—	—	—
模式 II	40	较低	20	>90	>90	>90	>95	>90
模式 III	100	2.0 元以上/t	>100	>95	>95	>90	>95	—

不同规模的养殖场应结合自身具体情况，选择不同处理工艺。一般来说，规模较小的养殖场，当地有较大的能源需求，周围有足够的土地可供沼液和沼渣的综合利用，宜选择模式 I；能

源需求不大，配套土地面积较小时宜选择模式Ⅱ。规模在10 000头甚至更大的养殖场，能源需求不高且沼液和沼渣无法进行土地消纳，废水必须经处理后达标排放或回用适宜选用处理模式Ⅲ。

参 考 文 献

邓良伟，姚爱莉，梅自立．2000．SBR工艺处理猪场粪污的试验研究．中国沼气，18（1）：8‐11．

国家环境保护总局自然生态司．2002．全国规模化畜禽养殖业污染情况调查及防止对策．北京：中国环境科学出版社．

国家环境保护总局．2001．畜禽养殖业污染防治技术规范．HJ/T81—2001．

侯永顺，李雁．2005．我国畜禽养殖业污染防治及有关问题的探讨．中国畜牧杂志，41（6）：53‐54．

环境保护部．2009．畜禽养殖业污染治理工程技术规范．HJ497—2009．

李远．2002．我国规模化畜禽养殖业存在的环境问题与防治对策．上海环境科学，21（10）：597‐599．

李远，单正军，徐德徽．2002．我国畜禽养殖业的环境与管理政策初探．中国生态农业学报，10（2）：136‐138．

任景明，喻元秀，王如松．2009．我国农业环境问题及其防治对策．生态学杂志，28（7）：1399‐1405．

王凯军．2004．畜禽养殖业污染防治技术及政策．北京：化学工业出版社．

颜智勇，吴根义，刘宇颖等．2007．UASB/SBR/化学混凝工艺处理养猪废水．中国给水排水，23（14）：66‐68．

张克强，高怀友．2004．畜禽养殖业污染物处理与处置．北京：化学工业出版社．

郑育毅．2006．USR＋IOD处理技术在集约化养猪场畜禽污水中的应用．环境工程，24（4）：27‐28．

第八章 案例分析——山东某县畜牧业发展规划环境评价

第一节 背景介绍

一、研究区域概况

（一）自然环境概况

1. 气候 气候属暖温带亚湿润大陆性季风气候区，具有明显的季节变化和季风气候特点，四季分明，雨量集中，春季干旱多风回暖快，夏季炎热多雨湿度大，秋季天高气爽降温急，冬季寒冷干燥雨雪少。年平均气温 13.1℃，极端最低温度为 −25.1℃，极端最高温度 42.8℃。≥0℃的积温为 4 957.4℃，≥10℃的积温 4 466.9℃，无霜期193d。年日照时数为2 619.8 h。历年平均降水量 633.5mm，年际变化较大，最大 1 053.1mm，最小 366.3mm，累年平均相对变率为 19%。年内降水分布不均，夏季最多，占全年的 62.1%，冬季最少，只有全年的 4%。春、秋季分别占全年的 13.7% 和 20.4%。七月份降水最多，累年平均为 197.6mm，占全年的 30.4%，一月份最少，仅为 6.1mm，占全年的 1%。

2. 土壤和植被 县域土壤面积 758 186hm²，占土地总面积的 76.4%。共分三个土类，九个亚类，十七个土属、七十六个土种。褐土类总面积 45 919hm²，占全县土壤面积的 44.8%，主要分布在南部低山丘陵及东南部山前倾斜平原，该土类因成土过程不同分褐土性土、褐土、淋溶褐土和潮褐土四个亚类。潮土类面积为 54 635hm², 占全县土壤面积的 53.3%, 主要分布在黄泛平原, 依潜水作用程度分为褐土化潮土、潮土、盐化潮土和湿潮土四个亚类。砂姜黑土面积 1 926hm², 占全县土壤面积的 1.9%, 主要分布在山前倾斜平原中下部。

该县植物资源非常丰富。据调查境内共有木本植物 63 种, 分属 26 个科, 47 个属, 主要草本植物 30 余种。农作物以小麦、玉米、地瓜、豆类、棉花、花生等为主。

3. 水文 某县境内河流 23 条, 总长 374.2km。过境河有黄河、小清河、孝妇河、杏花河。黄河流经县西北边界, 流长 23.5km, 是北半部地区的主要水源。杏花河、小清河流经县内大部地区, 孝妇河在东部穿过。

(二) 社会经济概况

某县隶属滨州市, 现辖 3 个办事处、13 个镇, 858 个行政村。至 2008 年底, 全县总人口 72.5 万人, 全县实现地区生产总值 (GDP) 429.76 亿元, 按可比价格计算, 比上年增长 14.5%。其中第一产业实现增加值 20.84 亿元, 增长-1.3%; 第二产业实现增加值 328.86 亿元, 增长 14.7%; 第三产业实现增加值 80.06 亿元, 增长 18.5%。三次产业结构由上年的 5.52 : 76.45 : 18.03 变化为 4.85 : 76.52 : 18.63, 第一产业比重下降了 0.67 个百分点, 第二产业比重上升了 0.07 个百分点, 第三产业比重上升了 0.6 个百分点。人均生产总值 59 346.5 元 (按年均汇率折算为 8 518 美元), 增长 14.14%。

(三) 某县环境质量现状

2008 年, 1# 断面 COD 年均值为 54mg/L, 比上年下降 40%; 2# 断面水质有所改善, COD 年均值比上年下降 32%; 城区道路交通噪声达标率为 100%; 大气环境质量中主要污染物:

二氧化硫年均值比上年下降 16.9%，二氧化氮年均值比上年下降 21.8%，总悬浮物颗粒物年均值比上年下降 14.9%；城区地下水水质良好，所监测的 11 个项目均达到规定要求；重点污染源达标率、新建项目"环境评价率"、"三同时"执行率显著提高，日污水处理能力达 17 万 m^3。

(四) 某县畜禽养殖业发展的状况

畜牧业是该县农村经济传统的支柱产业。改革开放以来，随着市场经济的不断发展，全县畜牧业生产得以快速发展。到 2008 年底，牛存栏 6.3 万头，生猪存栏 27.5 万头，羊存栏 6.9 万头，家禽存栏 648.4 万只，鸡存栏 546.54 万只。全县畜牧业总产值实现 15.8 亿元，占全县农林牧渔业总产值的 40%。畜牧养殖场 33 个，养殖小区 26 个，养殖专业达到 1 711 户。

二、研究区域畜禽养殖业结构及发展特点

(一) 研究区畜禽养殖业发展现状

主要针对某县的畜禽养殖场进行全县范围内的实地调查。在实际调查中，结合当地的实际情况，按照《畜禽养殖业污染排放标准》中的规模分级标准，将调查对象分为规模化畜禽养殖场、养殖小区和养殖专业户三大类。经调查，某县 2007 年全县的畜禽养殖业存栏量见表 8-1。2007 年某县规模化养殖场的分布情况见表 8-2。

表 8-1 2007 年某县畜禽养殖业存栏量调查结果

项目	猪	奶牛	肉牛	蛋鸡	肉鸡
养殖总量（头、羽）	122 627	8 625	1 039	33 981 204	911 326
规模化养殖所占比例（%）	24.5	68.2	0	2.68	20.9

由表中可知，某县 2007 年生猪存栏总量为 122 627 头、奶牛 8 625 头、肉牛 1 039 头、蛋鸡 33 981 204 羽、肉鸡 911 326

羽，全县规模化养殖所占的比例分别为生猪 24.5％、奶牛 68.2％、蛋鸡 2.68％、肉鸡 20.9％。

表 8-2 2007 年某县规模化养殖场（区）的分布情况（个）

规模	猪		奶牛		肉牛		蛋鸡		肉鸡	
	养殖场	养殖小区	养殖场	养殖小区	养殖场	养殖小区	养殖场	养殖小区	养殖场	养殖小区
Ⅰ级	2	1	6	1	0	0	0	1	0	0
Ⅱ级	12	10	1	7	2	0	8	1	1	0
合计	14	11	7	8	2	0	8	2	1	0
	25		15		2		10		1	

据调查结果显示：

1. 某县的规模化养殖以生猪、奶牛和蛋鸡为主，其中生猪和蛋鸡规模化养殖场（小区）又以中小规模居多，大规模养殖场（区）占少数；而奶牛则以大型为主，这主要是由于奶牛养殖投入高、风险大，集中管理方便等特点决定的。

2. 某县肉牛和肉鸡养殖多为养殖专业户，规模较小，且其分级标准偏高，从而能达到规模化养殖场（区）规模的很少。

（二）研究区畜禽饲养周期调查

结合实地调查结果，得出了研究区不同畜禽的饲养周期，并与《关于减免家禽业排污费等有关问题的通知》（环发［2004］43 号）中的推荐值进行了对比，见表 8-3。

确定的 2007 年某县各类畜禽的饲养期中，部分数值与文献及国家推荐的数值略有区别，如肉鸡的饲养期一般在 62d 左右，与文献推荐的生长期略有不同。

经分析认为：这可能是由于当地的气候、动物的种类、品种、喂养饲料等因素有关，另外也可能与当地的市场需求和价格有关。因此，在实际计算中可以根据推荐的生长期，结合当地畜禽养殖业的实际情况，对文献中推荐的数值加以修正。

表 8-3 2007 年某县各类畜禽的饲养期与推荐值（d）

项目	单位	牛	猪	蛋鸡	肉鸡
推荐值*	d	365	180~199*	210~365	55
调查结果	d	365	183	365	62

注：＊来自于关于减免家禽业排污费等有关问题的通知（环发［2004］43 号）。

三、畜禽养殖业污染物年产生量核算

（一）畜禽的粪便排泄系数

通过某县 2007 年全年的粪便产生量和畜禽全年存栏量的统计结果，根据目前国内计算每年产生的粪便量的计算方法，推算出了目前某县主要畜禽种类的日排泄系数。

因此本研究采用以下计算方法：

$$日排泄系数 = \frac{粪便年产生总量}{全年存栏量 \times 饲养周期}$$

经反推，得出研究区的畜禽粪便的排放系数。通过对比排泄系数参考范围，本研究认为：研究区畜禽养殖业粪便的日排泄量采用了粪尿混合计算，与上述经验参数比较，调查结果推算出的排泄系数较小，尤其是奶牛和肉牛的参数差异较大，而蛋鸡和肉鸡的参数较接近。分析原因：

1. 调查数据中的粪便产生量是粪堆的堆量，而并非鲜粪产生量，粪便在堆放过程中水分会有大量的损失。

2. 在实际的清粪过程中，并非所有的粪尿全部以固态清出堆放，有部分难清除的粪便会采用水冲，从而使部分粪便进入了养殖废水中（如养猪场），或者由于养殖场采用的砖砌地面，粪便残留在养殖场的地面上不易清除（如养牛场）。

表 8 - 4 邹平畜禽养殖业粪便日排放量估算

单位：kg/（头·d）、kg/（只·d）

项目	猪	奶牛	肉牛	蛋鸡	肉鸡
日排泄量	1.93	6.53	3.57	0.079 1	0.166
参考范围	1.5～5.0	12.7～45.5	17.8～20.0	0.059～0.136	0.06～0.13

（二）畜禽养殖业废水产生系数

研究区内的畜禽养殖场在排放大量粪便的同时，会产生大量的养殖废水。养殖废水主要来源于：①养猪场，每日猪舍内地面清洁用水、冲粪水、夏季舍内降温用水和职工生活用水等；②奶牛场，挤奶车间地面清洁用水、挤奶设备和盛奶容器清洁用水、舍内地面清洁用水、饮槽冲洗水和职工生活用水等；③肉牛场，饮槽冲洗水和职工生活用水等；④蛋鸡场，采取干捡粪方式，清舍时产生少量用水和职工日常生活用水；⑤肉鸡场，主要是清舍时少量用水和职工日常生活用水。

结合对某县畜禽饲养实际情况的调查结果，根据目上述日排泄系数计算方法，本研究同样推算出了目前某县主要畜禽种类的养殖废水排泄系数，见表 8 - 5。

与参考范围比较，研究区内畜禽养殖业废水日排放量较小，这主要是因为研究区的畜禽养殖业基本采取干清粪工艺，用水量较少。

日排放量以奶牛最大，这主要是因为奶牛场的挤奶厅用水量大；其次是生猪养殖，由于大部分的猪场在采用干清粪后会采用水对猪舍进行清洗，同时在猪场的夏季降温工作中也会产生大量的废水，猪的废水日排放量在干清粪废水产生量范围内。

此外，我们通常认为家禽养殖没有废水排放，但在实际调查中，肉鸡和蛋鸡的废水主要来自于鸡舍的冲洗水，由于只是定期清洗，排放量很小。

表 8-5 邹平畜禽养殖业废水日排放量估算

单位：kg/（头·d）、kg/（只·d）

项目	猪	奶牛	肉牛	蛋鸡	肉鸡
日排泄量	23.99	14.2	3.66	0.018 5	0.262

（三）粪便中的污染物成分及含量

结合对某县畜禽饲养实际情况的调查结果，本研究选取了某县代表性的猪、奶牛和蛋鸡养殖场作为采样点，对其产生的粪便中的氮、磷含量进行抽样检测，得到了某县各类畜禽粪便的氮、磷含量。另外，本研究还对其产生的粪便中的粪大肠菌群数进行抽样检测（表 8-6）。对比参考范围，某县畜禽养殖场粪便的污染物含量均在参考范围内。

表 8-6 某县各类畜禽粪便的污染物成分及对比研究

单位：kg/t

项目	测定值		
	TN（以 N 计）	TP（以 P_2O_5 计）	粪大肠菌群数（$\times 10^6$ 个/mL）
猪	2.09	1.18	0.5~92
蛋鸡	2.70	2.57	0.8~4.9
奶牛	1.68	1.22	1.1~3.3

（四）废水中的污染物成分及含量

结合对某县畜禽饲养实际情况的调查结果，本研究选取了某县代表性的猪、奶牛和蛋鸡养殖场作为采样点，对其排放废水中污染物的含量进行抽样检测，得到了某县畜禽养殖业废水中的污染物含量（表 8-7）。

表 8-7　某县废水污染物成分　　　　单位：mg/L

项目	TN（以 N 计）	TP（以 P 计）	COD_{Cr}	粪大肠菌群数（个/mL）
猪	1.835×10^3	9.335	7.315×10^3	$5 \times 10^4 \sim 1.3 \times 10^6$
奶牛	97.925	8.587 5	1.33×10^3	$700 \sim 5 \times 10^4$

通过对比经验数据，本研究认为：

1. 研究区畜禽养殖业废水中的总氮和总磷含量均在经验数据范围内。

2. 研究区猪场养殖废水中的总氮含量与经验值中干清粪工艺的数据相比有一定差异，这主要与采样时间、采样点位置有关。

3. 研究区畜禽养殖业废水中的粪大肠菌群数的范围变化很大，这主要是由于废水中抗生素的影响。另外，从检测结果可以看出，奶牛场废水中的粪大肠菌群数明显低于猪场废水。

（五）畜禽养殖场的恶臭污染物排放量

选取了某县具有代表性的养殖场，在 2009 年 6 月底和 7 月

表 8-8　某县畜禽养殖场恶臭污染物监测结果

种类	养殖模式	存栏量（头/只）	堆粪时间（d）	指标	下风向距排放源 2m 处
奶牛	养殖场	500	4～5	H_2S	0.003～0.004
				NH_3	0.89～1.40
				臭气浓度	234～244
猪	养殖小区	230	7	H_2S	0.003～0.005
				NH_3	0.37～0.66
				臭气浓度	287～355
蛋鸡	养殖小区	40 000	7	H_2S	0.002～0.007
				NH_3	0.30～2.28
				臭气浓度	288～316

注：氨气和硫化氢的浓度单位为 mg/m³，臭气浓度无量纲。

底分别对养殖场场区及下风处的不同距离处进行了采样，测定空气中氨气和硫化氢的浓度，以及臭气浓度。将下风向距排放源2m的数值作为养殖场场区恶臭污染物浓度，恶臭污染物的浓度会随着下风处的距离增大而降低。本研究监测结果与已有的监测数据可比性较差，主要是由于不同的养殖场规模、清粪方式、堆粪量等都会对畜禽养殖场恶臭污染物的浓度产生影响。

（六）各类畜禽养殖业污染物的换算方法

1. 猪粪当量法 结合对某县各类畜禽粪便的污染物含量的测定结果，以 TN 含量为依据，计算出了某县畜禽粪便的猪粪当量的系数。通过对比参考范围，本研究认为：研究区畜禽养殖业粪便的猪粪当量的系数在参考范围内。

表 8-9 某县畜禽粪便猪粪当量的换算系数

	项目	测定值（kg/t）	换算系数	系数参考范围
猪	传统养猪粪便	2.09	1	1.0
	自然养猪垫料	2.47	1.18	
	蛋鸡	2.70	1.29	0.26～2.13
	奶牛	1.68	0.80	0.14～1.81

表 8-10 某县畜禽养殖业量猪当量的换算系数

项目	粪便产量 （t/头、t/只）	TN 测定值 （kg/t）	TN 产生量 （t/头、t/只）	换算系数畜 禽：猪（只/头）	参考值畜禽： 猪（只/头）
猪	0.178	2.09	0.37	1	1.0
蛋鸡	0.002 9	2.70	0.007 83	47：1	30：1
肉鸡	0.001 7	2.70*	0.004 59	81：1	60：1
奶牛	2.38	1.68	3.998 4	1：10.8	1：10
肉牛	1.16	1.68**	1.948 8	1：5.3	1：5

注：*参照蛋鸡 TN 含量；**参照奶牛 TN 含量。

2. 养殖量换算法 结合对某县各类畜禽粪便的排泄系数和污染物含量的测定结果，以 TN 含量为依据，计算出了某县畜禽养殖业量的猪当量换算系数。

通过对比《畜禽养殖业污染排放标准》的数据，本研究认为：研究区畜禽养殖业量的猪当量换算系数合理。

某县蛋鸡和肉鸡养殖量的猪当量系数偏大，换算比例为：47 只蛋鸡折算成 1 头猪，81 只肉鸡折算成 1 头猪。与标准对比，蛋鸡的猪当量系数基本为肉鸡的 2 倍，与标准的趋势基本一致。

某县肉牛和奶牛养殖量的猪当量系数与标准近似，换算比例为：1 头奶牛折算成 10.8 头猪，1 头肉牛折算成 5.3 头猪。与标准对比，蛋鸡的猪当量系数基本为肉鸡的 2 倍，与标准的趋势基本一致。

（七）畜禽养殖业污染物的产生总量

本研究根据畜禽养殖业污染物的日排泄系数（表 8‑4、表 8‑5）及污染物含量的参考范围（表 8‑6、表 8‑7），分别计算出畜禽养殖业粪便和废水及其污染物的产生总量的参考范围，为以后畜禽养殖业环境评价工作中的应用提供参考数据。同时，本研究还结合实际调查和监测结果，对某县畜禽养殖业产生的粪便和废水及其污染物总量进行了核算（表 8‑11）。

表 8‑11 邹平畜禽粪便和废水产生量及其污染物成分核算

		猪	奶牛	肉牛	蛋鸡	肉鸡
	饲养天数	183	365	365	365	62
	存栏量（头、羽）	122 627	8 625	1 039	33 981 204	911 326
粪便	日排泄量 [kg/（头·d）、kg（只·d）]	1.93	6.53	3.57	0.079 1	0.166
	产生量（kg/头、kg/只）	353.19	2 383.45	1 303.05	28.87	10.29
	总氮量（kg/头、kg/只）	0.738	4	2.19	0.077	0.028

（续）

		猪	奶牛	肉牛	蛋鸡	肉鸡
	总磷量（kg/头、kg/只）	0.417	2.91	1.591	0.074 9	0.026 4
	产生总量（t/y）	43 310.63	20 557.26	1 353.87	981 037.36	9 377.54
	总氮产生总量（t/y）	90.5	34.5	2.28	2 616.51	25.52
	总磷产生总量（t/y）	51.14	25.1	1.65	2 545.2	24.06
废水	日排泄量［kg/（头·d）、kg（只·d）］	23.99	14.2	3.66	0.018 5	0.262
	产生量（kg/头、kg/只）	4 390.17	5 183	1 335.9	6.75	16.24
	COD产生量（kg/头、kg/只）	32.11	6.89	1.18	0.000 18	0.000 44
	总氮量（kg/头、kg/只）	8.06	0.508	0.055	0.000 278	0.000 076
	总磷量（g/头、kg/只）	40.98	44.51	7.12	0.000 94	0.002 26
	产生总量（t/y）	538 353	44 703	1 388	229 373	14 799
	COD产生总量（t/y）	3 937.55	59.43	1.23	6.12	0.4
	总氮产生总量（t/y）	988.37	4.38	0.057	9.45	0.069
	总磷产生总量（t/y）	5.03	0.38	0.007 4	0.032	0.002 1

四、畜禽污染物对环境途径
及排污系数的研究

（一）某县畜禽养殖业污染防治措施现状调查

目前，某县畜禽养殖场内大部分的养殖单位均采取了干清粪的方式收集粪尿，采取工程化治理措施处理的粪便、污水的养殖场较少，存在着大量粪污未经处理直接排放对周围环境的严重污染问题。

某县规模化养殖水平偏低，且规模化养殖场（小区）又以中小规模居多，农户散养数量还是占多数。养殖场、养殖小区多数距离村庄只有几米到200m的范围内，有的养殖小区甚至就在村庄内进行养殖，给居民环境质量和人群身体健康带来较高风险。

1. 某县畜禽养殖场清粪方式分析 经调查，2008 年某县畜禽养殖场清粪方式以干清粪为主，生猪、奶牛、肉牛、蛋鸡、肉鸡干清粪的比例均超过 80%，奶牛、肉牛和蛋鸡、肉鸡干清粪的比例接近 100%。

2. 某县畜禽粪污的处理处置措施及去向 通过对某县不同畜禽品种的畜禽养殖场发放调查表，对粪便、废水处理处置方法进行调查，对调查结果进行统计分析。某县不同品种养殖场粪便和废水采取的处理、处置措施及去向归纳整理后分别列于表 8 - 12 和表 8 - 13。

表 8 - 12　某县畜禽粪便处理措施及去向统计表　单位:%

措施及去向		养殖专业户	养殖场	养殖小区	合计
粪便处理利用率	施入农田	52.5	33.1	91	56.5
	生产沼气	1.4	3.4	0	1.44
	有机肥	0.62	0	0	0.43
	销售	45.5	63.5	8.9	41.6
	其他	0.017	0	0	0.001

表 8 - 13　某县畜禽养殖业废水处理措施及去向统计表

单位:%

措施及去向		养殖专业户	养殖场	养殖小区	合计
污水处理利用率	灌溉农田	77.4	73.4	50.1	76.9
	排入鱼塘	1.1	0	0	1.03
	好氧处理	0.02	0	0	0.002 2
	厌氧处理	3.5	0.2	0	3.3
	沉淀	14.0	0	0	13.3
	氧化塘	3.6	26.4	49.9	5.1
	其他	0.38	0	0	0.36
污水产生排放率	污水利用	44.1	19.3	47.0	42
	污水排放量	55.9	80.7	53.0	58

某县 42%的畜禽养殖业废水进行了再利用，仍有将近 58%的废水未经处理直接排入附近的农田灌溉渠；仅一半的畜禽粪便的在某县当地直接还田，另外有大约 50%畜禽粪便的粪便出售，由专业的农户收购运至寿光地区销售给蔬菜大棚专业户堆肥后还田。

第二节 《某县畜牧业"十一五"发展规划》的规划分析及评价指标建立

一、规划概述

（一）规划发展目标

1. 经济目标 在现有经济效益的基础上，增加畜禽养殖业农民收入。到 2010 年，全县年生猪存栏 47 万头，家禽存栏 1 000 万只，存栏牛 19 万头。实现肉、蛋、奶总产量分别达到 13 万 t、12 万 t 和 23 万 t。畜牧业总产值 15 亿元。

2. 环境目标 合理布局养殖区域，减少污染，有利人类和畜禽的健康，确保畜禽养殖业持续健康快速发展。

从总体目标制定来看，基本上体现了畜禽养殖业合理利用，主要目标是提高经济效益，并重视与其他行业的协调发展，提高生态环境质量。

（二）发展重点

重点是抓好"五个关键"，建设完善好"五条畜牧产业链"。

"五个关键"：一要稳定发展生猪和禽蛋生产，实施畜禽良种繁育工程加快发展牛羊肉和优质禽肉生产。着力实施优质三元杂交猪工程和优质牛羊兔发展计划。二要突出发展奶牛生产，建立优质奶源基地，积极推进奶业产业化。三要大力开发饲料资源，发展饲料工业，健全和完善饲料生产体系，降低生产成本，提高饲草、饲料利用率，促进粮食和作物秸秆转化。四是加强动物疫病防控工作，提高防、检疫水平，切实加强动物疫病控制的技术支持和物质保障，确保动物产品安全卫生，全面实施"放心肉"工程，降低动物发病死亡率。五要采取优惠政策，重点扶持壮大一批规模大、起点高的现代化畜产品加工龙头企业，鼓励引进国际先进的畜产品加工技术和设备，提高畜产品的加工深度和综合利用水平，推进畜牧业的产业化经营。

"五条畜牧产业链"分别是奶牛产业链建设、肉牛产业链建设、蛋鸡产业链建设、生猪产业链建设和肉鸭（肉鸡）产业链建设。

二、规划协调性分析

《某县畜牧业"十一五"发展规划》按照《中华人民共和国畜牧法》，把发展畜牧业作为调整农村产业结构、发展农村经济、增加农民收入的突破口。

《某县畜牧业"十一五"发展规划》是根据农业部《农业和农村经济发展"十一五"规划》、《山东省畜牧业"十一五"发展规划》、《某县国民经济和社会发展第十一个五年总体规划纲要》制定。鲁国土资发〔2008〕61号《关于规范畜禽养殖业用地管理的意见》给予规模化畜禽养殖业用地更大的保障力度。《某县国民经济和社会发展第十一个五年总体规划纲要》提出大力发展畜牧业，加快畜牧强县建设步伐，重点抓好奶牛、肉牛、肉鸡肉鸭、蛋鸡、生猪5条畜牧产业链建设。力争到2010年，畜牧业产值达到15亿元，外向型畜牧业有重大突破。《某县畜牧业"十一五"发展规划》提出依靠现代科技，标准化建设养殖小区，引进发酵或固液分离技术处理畜禽粪便，加强环境污染的综合治理和监管。这与《山东省环境保护"十一五"规划》中的"搞好规模化畜禽养殖场的废水废物处理，实施规模化养殖治污示范工程，努力降低养殖污染"的要求是一致的。

《某县农业和农村经济发展"十一五"规划》强调依托龙头企业，大力发展畜牧养殖业。大力推广秸秆青贮，充分利用当地的秸秆资源，发展奶牛养殖和肉牛养殖。依托刘道口禽蛋批发市场，利用当地的自然资源，发展无公害蛋鸡养殖，将该产业做大、做强。这与《某县畜牧业"十一五"发展规划》大力发展畜禽养殖业是一致的。

综上分析，与其他相关规划具有很好的协调性。

三、不确定性分析

《某县畜牧业"十一五"发展规划》在制定和实施过程中存在多方面的不确定性，规划实施的基础条件具有不确定性，所依托的资源、环境条件可能发生变化，如某县土地资源使用方案、某县水资源分配方案及某县污染物总量分配方案等都可能发生变化。另外发展规划方案本身具有不确定性，方案中没有明确某县畜禽养殖业布局，也没有综合考虑大气、水等环境要素对于畜禽养殖业规模和布局的影响和制约。因此，某县畜禽养殖业结构、规模、布局在发展规划实施过程中具有不确定性。

《某县畜牧业"十一五"发展规划》以提高畜禽养殖业产业经济效益为核心目标，因而在规划时的出发点是保证畜禽养殖业的高产稳产，以获得明显的经济效益为目标。规划方案中没有综合考虑大气、水等环境要素对于畜禽养殖业规模和布局的影响和制约，应进一步将环境刚性约束作为畜禽养殖业发展的前提和基础，科学规划畜禽养殖业规模、布局，以环境优化畜禽养殖业发展，尽可能从源头上控制和减缓畜禽养殖业发展对环境的不利影响。发展规划应依据循环经济理念，进一步明确提出提升畜禽养殖业生态效益、延长产业链条的基本原则、规划目标和重点方案，提高资源利用效率、降低环境污染排放，从源头上控制畜禽养殖业发展的环境。

四、某县畜牧业规划评价指标体系

根据《规划环境影响评价条例》、《规划环境评价技术导则（试行）》的要求及评价指标选取的原则，通过规划的环境识别、环境现状调查，确定环境保护目标，并经过专家咨询、技术研讨会等方式，确定了《某县畜牧业"十一五"发展规划》环境评价指标体系，具体指标见表 8-14 和表 8-15。

表 8-14　某县畜禽养殖业规划指标

目标层	因素层	指标层	2005 年现状值	2010 年评价标准
规划背景	与相关规划的关系	规划相容性系数（%）	—	70
规划内容	经济效益指标	畜禽养殖业总产量	25 万 t	48 万 t
		畜禽养殖业总产值	12.13 亿元	5 亿元
		畜禽养殖业占农业总产值的比重（%）	50	60
		畜禽养殖业农民净收入	2 000	2 600
		规模化养殖量占全社会养殖总量的比重（%）	50	75
	环境效益指标	生态养殖模式的覆盖率（%）	10	50

表 8-15　环境状态反应指标

目标层	因素层	指标层	2005 年现状值	2010 年评价标准
	畜禽粪便	1. 产生量	172 840t	259 260t[①]
		2. 利用方式	施入农田、生产沼气、制有机肥、种植蘑菇	施入农田、生产沼气、制有机肥、种植蘑菇
		3. 处理利用率（%）	56.5	70

（续）

目标层	因素层	指标层	2005 年现状值	2010 年评价标准
环境污染 指标体系	养殖 废水	1. 排放量	828 440.5t	1 242 660t
		2. 处理率(%)	42	80
		3. COD_{Cr}	—	400mg/L[1]
		4. 氨氮	—	18.2mg/L[1]
		5. TP	—	8.0mg/L[1]
	大气 环境	臭气浓度	—	70[1]
	地表 水环境	1. COD_{Cr}	44.2mg/L	≤40[2]
		2. TN	18.2mg/L	≤2.0[2]
		3. NH_3-N	12.0mg/L	≤2.0[2]
		4. TP	0.16mg/L	≤0.4[2]
		5. 大肠菌群数	8 000 个/100mL	≤40 000 个/100mL[2]
	地下 水环境	1. NO_3-N	4.68mg/L	20mg/L[3]
		2. 大肠菌群数	2 个/L	≤3 个/L[3]

注：①符合或优于《畜禽养殖业污染物排放标准》（GB18596—2001）；②符合或优于《地表水环境质量标准》（GB3838—2002）；③符合或优于《地下水质量标准》（GB/T14848—93）。

第三节 《某县畜牧业"十一五"发展规划》评价结果分析

一、某县畜禽规划区域环境现状调查

（一）某县大气环境现状

由表 8-16 中可以看出，某县 PM_{10}、SO_2 和 NO_2 采暖期大于非采暖期，2002、2004 和 2005 年 PM_{10} 有超标现象，其他年份 PM_{10}、SO_2 和 NO_2 均未出现超标现象。

表 8 - 16　不同年份某县环境空气质量状况

项目		2002	2003	2004	2005	2006	2007
PM_{10}（mg/m³）	采暖期	0.219	0.192	0.243	0.225	0.181	0.108
	非采暖期	0.186	0.155	0.164	0.178	0.160	0.089
	超标率（%）	2.4	0	8.3	5.0	0	0
	年均值	0.196	0.170	0.2	0.195	0.165	0.097
SO_2（mg/m³）	采暖期	0.059	0.056	0.055	0.049	0.049	0.047
	非采暖期	0.029	0.026	0.03	0.031	0.018	0.014
	超标率（%）	0	0	0	0	0	0
	年均值	0.041	0.039	0.041	0.038	0.031	0.027
NO_2（mg/m³）	采暖期	0.040	0.047	0.042	0.043	0.04	0.04
	非采暖期	0.026	0.022	0.036	13 036	0.025	0.02
	超标率（%）	0	0	0	0	0	0
	年均值	0.032	0.032	0.038	0.039	0.032	0.028

（二）某县地表水环境现状调查

某县境内有小清河、孝妇河、杏花河等河道。由于孝妇河两侧畜禽养殖场分布较多，选取孝妇河进行监测评价。按照《某县"十一五"及 2020 年远景水利规划》要求，结合某县实际情况，孝妇河属于邹中东部山前平原地下水丰水区地表水，为二级河道，河流功能为农业灌溉和一般工业用水地表水，执行《地表水质量标准》Ⅳ类标准；地下水达到《地下水质量标准》Ⅲ类标准。

1. 监测站位　在某县境内孝妇河上游、中游、下游各选一个养殖场的废水排污口附近设一个监测断面。

2. 监测项目　COD_{Cr}、氨氮、总磷、总氮。

3. 监测频次及时间　采样时间为 2007 年 5 月 9 日和 11 日（雨后采样），1 次采样。

4. 地表水环境现状评价方法　本次评价结合区域内地表水环境特征，拟采用单因子指数法进行评价，单因子指数评价方法：

$$S_{ij} = C_{ij}/C_{si}$$

式中：S_{ij}——水质参数 i 在第 j 点的标准指数，地表水环境质量现状按 GB3838—2002《地表水环境质量标准》IV 类标准进行评价；

$\quad\quad\quad$ C_{ij}——水质参数 i 在第 j 点的浓度；

$\quad\quad\quad$ C_{si}——水质参数 i 的标准。

5. 监测结果及评价指数　从表 8-17 中可以看出，下游水质劣于上游水质，雨前水质劣于雨后水质，孝妇河为劣V类水质。

从单因子污染指数来看，河流水质指标中受最严重的污染物为粪大肠菌群数，指标最大超标倍数为超标 170 倍，其次为总氮，超标 12.5 倍，主要污染物排序为粪大肠菌群数＞总氮＞氨氮＞COD$_{Cr}$＞总磷。因此，某县境内孝妇河流域地表水环境质量较差，为劣V类水。对照养殖废水水质特点，孝妇河水质污染表现为典型的畜禽养殖业高浓度有机废水污染和生物学污染。

表 8-17　孝妇河现状监测结果　　　　单位：mg/L

检测项目	孝妇河上游		孝妇河中游		孝妇河下游		GB 3838—2002 地表水	
	雨前	雨后	雨前	雨后	雨前	雨后	IV类	V类
化学需氧量	44.2	25.7	49.8	28.9	48.3	27.4	30	40
氨氮	12.0	10.9	17.5	9.55	15.8	9.42	1.5	2.0
总氮	18.2	17.0	18.8	17.1	17.5	14.7	1.5	2.0
总磷	0.17	0.14	0.42	0.13	0.38	0.10	0.3	0.4
粪大肠菌群数（万个/L）	170	240	350	79	320	17	2	4

经计算，地表水监测结果经整理后列于表 8-18。

表 8-18　孝妇河单因子污染指数

检测项目	孝妇河上游		孝妇河中游		孝妇河下游		GB 3838—2002 地表水	
	雨前	雨后	雨前	雨后	雨前	雨后	Ⅳ类	Ⅴ类
化学需氧量	1.47	0.87	1.77	0.97	1.71	0.91	30	40
氨氮	8.00	7.27	11.00	7.37	10.53	7.28	1.5	2.0
总氮	12.13	11.33	12.53	10.73	11.00	9.73	1.5	2.0
总磷	0.53	0.47	1.40	0.43	1.27	0.33	0.3	0.4
粪大肠菌群数	80	120	175	39.5	170	8.5	20 000	40 000

（三）地下水环境调查与评价

本研究选取长山镇三个养殖场的地下井为监测点，对地下水采样监测。

1. 监测项目　化学需氧量、生化需氧量、细菌总数和总大肠菌群数。

2. 监测频次及时间　采样时间为 2009 年 5 月 9 日，一次采样。

3. 监测结果及评价　地下水监测结果及综合评价见表8-19。

表 8-19　地下水监测结果

地下水采样点	硝酸盐氮	总大肠菌群（个/L）	细菌总数（个/L）
对照井	0.58	20	48.9 万
养猪场	1.78	80	20 700
小新生猪小区	11.9	50	2 000 万
高新奶牛场 4	17.3	5 000	177 000
东风奶牛小区	1.37	790	377 000
东吕蛋鸡小区	47.2	2 400	20 000 万
GB/T 14848—93 Ⅲ类标准	≤20	≤3.0	≤10 万

从单因子污染指数可以看出，该地区地下水已经遭受污染，超出 GB/T 14848—93《地下水质量标准》Ⅲ类标准。

所有的五个养殖场地下水采样点和对照点的地下水均表现出生物学指标超标，总大肠菌群普遍超标，最大超标倍数为 1 700倍，对照的地下水超标最轻，为 8 倍；东吕的蛋鸡养殖小区的地下水硝酸盐氮、总大肠菌群和细菌总数均超标，受污染较重，细菌总数的超标倍数为 2 000；除蛋鸡养殖小区外，其他采样点地下水中硝酸盐氮指标较好。

表 8-20 地下水单因子污染指数

地下水采样点	硝酸盐氮	总大肠菌群 （个/L）	细菌总数 （个/L）
对照井	0.03	7.77	4.89
养猪场	0.08	27.77	0.21
小新生猪小区	0.70	17.77	200.00
高新奶牛场	0.87	1 777.77	1.77
东风奶牛小区	0.07	273.33	3.77
东吕蛋鸡小区	2.37	800.00	2 000.00
GB/T 14848—93 Ⅲ类标准	≤20	≤3.0	≤100

（四）某县畜禽污染物产生量及畜禽粪污的处理处置措施调查分析

2007 年某县畜禽养殖业废水产生总量为 828 440.5t，排放量为 480 290.5t，粪便的全年产生总量为 1 055 637t，其中 COD 产生总量 5 003.182t，总氮产生总量 2 769.31t，总磷产生总量吨。

对某县不同品种的畜禽养殖场粪污处理处置方法统计调查，调查结果表明，某县 42% 的畜禽养殖业废水进行了再利用，有将近 58% 的废水未经处理直接排入附近的农田灌溉渠；仅一半的畜禽粪便的在某县当地直接还田，另外有大约 50% 畜禽粪便的粪便出售，由专业的农户收购运至寿光地区销售给蔬菜大棚专业户堆肥后还田。

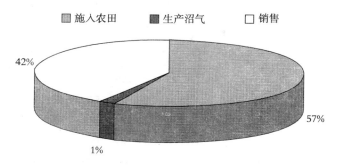

图 8-1　某县 2007 年畜禽粪便利用方式

二、某县畜禽养殖业规划环境影响识别

1. 对某县畜禽养殖业规划内的畜禽养殖场进行分类　认真分析规划内容，筛选出规划中提出的、可能引起环境的畜禽养殖业相关项目。

2. 对环境要素、环境参数进行分类　根据上一步分类的结果，针对每个具体的项目分析可能受其影响的环境要素或环境参数，如大气、水体、植被等。

3. 构造环境因素识别矩阵　根据上述两个步骤及环境要素分类。畜禽养殖业环境识别矩阵，表 8-19 列出畜禽养殖业中的影响因子和影响源。

4. 环境分析　在识别表中分析畜禽养殖业相关活动的环境及其性质，初步确定环境识别因素，经广泛征求专家意见后确定主要的环境因素。

从表 8-21 中可以看出，某县畜禽养殖业规划实施将对某县的自然生态环境带来一定的不利影响，畜禽饲养粪便和养殖污水的排放等是可能产生长期不利影响的主要因素。应以生态养殖模式为建设标准来指导某县畜禽养殖业规划的整体环境保护。

表 8-21　畜禽养殖业主要环境要素识别

影响受体		影响源 规划实施施工	规划布局	养殖规模	饲养方式	清粪方式	粪便处理处置	废水的处理处置
环境质量资源	大气环境	□☆	■☆☆	■☆☆	■★	■☆☆	■☆☆	■☆☆
	地表水环境	□☆	■☆☆	■☆☆	■★	■☆☆	■☆☆	■☆☆
	地下水环境	□☆	■☆☆	■☆☆	■★	■☆☆	■☆☆	■☆☆
	土壤环境	□★	■☆☆	■☆☆	■★	■☆☆	■☆☆	■☆☆
	耕地资源	□☆	■★	■☆☆	■?	■?	■☆☆	■?
	水资源	□☆	■★	■☆☆	■★	■☆☆	■☆☆	■☆☆
社会经济	畜禽养殖业总产值	?	■	■★★	■★	■☆	■★★	■☆
	畜禽养殖业占农业总产值的比重	?	■	■★★	■★	■☆	■★	■★
	畜禽养殖业农民净收入	?	■	■★★	■★	■	■★★	■☆
	规模化养殖量的比重（%）	?	■	■?	■★	■☆	■★	■☆
	人口数量、密度、增长率	?	■	■★	■?	■?	■?	■?

注：■/□：长期/短期影响；★★有利影响显著，★有利影响轻微/☆☆：不利影响显著，☆：不利影响轻微☆；?：不确定影响。

三、某县畜禽养殖业规划环境预测与评价

（一）恶臭气体环境预测

通过对某县长山镇仁马牧场（奶牛）、焦桥镇高道口村养猪

场和焦桥镇刘道口村养殖小区下风处的不同距离处空气中氨气、硫化氢和臭气浓度的测定可知，畜禽养殖场 NH_3 的排放浓度明显高于 H_2S 的排放浓度，恶臭污染物的浓度会随着下风处的距离增大而降低。

表 8 - 22　某县畜禽养殖场恶臭污染物

种类	养殖模式	存栏量（头/只）	堆粪时间（d）	指标	下风向距排放源 2m 处	下风向距排放源 50m 处	下风向距排放源 100m 处
奶牛	养殖场	500	4～5	H_2S	0.003～0.004	0.002～0.004	0.003
				NH_3	0.89～1.40	0.58～0.87	0.27～0.71
				臭气浓度	234～244	32～52	<10
猪	养殖小区	230	7	H_2S	0.003～0.005	0.002～0.004	0.003
				NH_3	0.37～0.77	0.19～0.29	0.17～0.18
				臭气浓度	287～355	37～78	10～12
蛋鸡	养殖小区	40 000	7	H_2S	0.002～0.007	0.002～0.007	0.002～0.003
				NH_3	0.30～2.28	0.27～2.18	0.19～0.77
				臭气浓度	288～317	57～75	10～14

根据监测结果，畜禽养殖场在 300m 范围内对周围环境空气会产生影响。根据调查结果，由于三个畜禽养殖场与村庄的距离均小于 500m，对村庄内人口有较大影响。

表 8 - 23　某县养殖场恶臭监测位置及邻近的村庄

监测位置	与村庄的距离	村庄人口数
长山镇仁马牧场（奶牛）	在村西北，距东南侧任马村 440m	700
焦桥镇高道口村养猪场	在村西距高道口村 100m	1 500
焦桥镇刘道口村养殖小区	在刘道口村内	1 000

（二）地表水环境预测与评价

1. 进入地表水环境的污染物量的核算方法　进入地表水的

畜禽污染物的量（$Q_总$）包括直接排入地表水的畜禽废水污染物的量（$Q_直$）和间接排入的地表水的畜禽污染物的量（$Q_间$），公式表示为：

$$Q_{总i} = Q_{直i} + Q_{间i}$$

式中：i——污染物 i，如 COD、BOD、氨氮、总氮、总磷等；

$\quad Q_总$——某区域范围内所有畜禽养殖业单元产生的畜禽污染物中通过直接和间接途径进入该区域河流、湖泊等地表水体的污染物的总量，t/y；

$\quad Q_{直i}$——畜禽废水经处理和未经处理直接排入地表水的污染物 i 的量，t/y；

$\quad Q_{间i}$——除直接排入地表水的畜禽废水中污染物的量以外，所有以间接方式排入地表水的畜禽污染物的量，包括畜禽粪便在储存、处理及还田后通过地表径流间接排入地表水的污染物 i 的量，t/y。

（1）直接排入地表水的畜禽污染物的量（$Q_{直i}$）由前面污染物进入地表水环境的影响途径分析可知，直接进入地表水的污染物 i 的量（$Q_直$）包括经处理的各种畜禽养殖业废水中的污染物的量（Q_{ui}处）和未经处理的各种畜禽废水直接排入河流、湖泊等地表水中的污染物的量（Q_{ui}未），公式表示为：

$$Q_{直i} = \sum Q_{z\eta} \times P_{z\eta i} + \sum Q_z \times P_{zi}$$

式中：$Q_直$——区域内排入地表水的畜禽污染物 i 的量，t/y；

$\quad Q_{z\eta}$——区域内 z 种类畜禽废水采取 η 类处理措施处理的畜禽年存栏量，头/a、只/a；

$\quad z$——畜禽种类，包括猪、奶牛、肉牛、蛋鸡、肉鸡等；

$\quad \eta$——废水的某种处理措施；

$\quad Q_z$——区域内 z 种类畜禽废水未采取处理措施直接排放的畜禽年存栏量，头、只/y；

$P_{z\eta i}$——z 种类畜禽单位畜禽养殖业废水在采取 η 类处理
措施污染物 i 的排污系数，t（y/头、只）$^{-1}$，

P_{zi}——z 种类畜禽单位畜禽养殖业废水未采取处理直接
排放污染物 i 的排污系数，t（y/头、只）$^{-1}$。

（2）间接方式排入地表水的畜禽污染物的量（$Q_{间i}$） 通过
畜禽污染影响环境的途径分析，间接进入地表水的途径包括
各种畜禽养殖场粪尿在畜禽舍、储存、处理过程中的流失和
畜禽粪尿处理作为有机肥还田后通过降雨地表径流流失量两
部分。

据国家环保总局南京环科所（1997）对畜禽养殖场粪便流
失情况进行的研究，各种畜禽养殖场粪便在畜禽舍、储存、处
理过程中的流失率为 2%～8%，而液体排泄物则可能达
到 50%。

间接方式排入地表水的畜禽污染物的量的计算方法：

$$Q_{间i} = \sum Q_z \times F_i \times \gamma$$

式中：$Q_{间i}$——除直接排入地表水的畜禽废水中污染物的量以
外，所有以间接方式排入地表水的畜禽污染物的
量，包括畜禽粪便在储存、处理及还田后通过地
表径流间接排入地表水的污染物 i 的量，t/a；

Q_z——区域内 z 种类畜禽的畜禽年存栏量，头、只/y；

F_i——区域内 z 种类畜禽粪尿中污染物 i 的产污系数；

γ——区域内畜禽粪尿的流失率。

2. 某县畜禽养殖业污染物进入地表水环境的量

（1）养殖废水直接排入水环境的量 结合邹平养殖废水中
污染物含量的测定结果和某县畜禽粪便养殖废水产生量，由调
查结果得到，大约 58% 的养殖废水未经处理直接排入水环境，
而 42% 的废水进过简单的处理，但处理效率不高。经计算，得
出某县养殖废水中排入水体中的量，结果如表 8-24 所示。

表 8 - 24　某县养殖废水中污染物排放量　　单位：t/y

项目	猪	奶牛	肉牛	蛋鸡	肉鸡	合计	直接排入水中的量
产生总量	538 353	44 703	1 388	229 373	14 799	828 616	646 320.5
COD产生总量	3 937.55	59.43	1.23	6.12	0.4	4 004.73	3 123.689
总氮产生总量	988.37	4.38	0.057	9.45	0.069	1 002.326	781.814 3
总磷产生总量	5.03	0.38	0.007	0.032	0.002 1	5.55	4.25

　　（2）粪便以面源形式进入水环境的量　2007年某县猪粪、牛粪和家禽粪便产生量及污染物含量见表8-25。采用国家环保部对全国规模化畜禽养殖业污染情况调查及防治对策中畜禽粪便污染物进入水体的流失率，按照表8-26的需求粪便流失率可以得出某县畜禽粪便主要污染物COD、TN和TP的流失量。

表 8 - 25　畜禽粪便中污染物总量　　单位：t/y

项目	猪	奶牛	肉牛	蛋鸡	肉鸡	合计
产生总量	43 310.63	20 557.26	1 353.87	981 037.36	9 377.54	1 055 637
COD产生总量	5 003.182	3 130.875	241.048	54 369.93	214.161 6	5 003.182
总氮产生总量	90.5	34.5	2.28	2 616.51	25.52	2 769.31
总磷产生总量	51.14	25.1	1.65	2 545.2	24.06	2 647.15

表 8 - 26　畜禽粪便污染物进入水体流失率及流失量

单位：%，t

项目	流失率			流失量			合计
	牛粪	猪粪	家禽粪	牛粪	猪粪	家禽粪	
COD	7.17	5.58	8.59	241.77	279.2	4 688.8	5 209.77
TP	5.50	5.25	8.42	2.02	4.75	222.53	229.3
TN	5.78	5.34	8.47	1.55	2.73	217.6	221.88

表 8 - 27　　**2007 年畜禽粪便污染物进入水体总量**　　单位：t

项目	废水	粪便流失	合计
COD	3 123. 689	5 209. 77	8 333. 459
TP	781. 814 3	229. 3	1 011. 114
TN	4. 25	221. 88	226. 13

（3）某县畜禽养殖业污水和粪便进入环境的量与环境容量的比较　2007 年某县畜禽养殖业污水和粪便中 COD、TN 和 TP 进入水环境分别为 8 333.459t、1 011.114t 和 226.13t。某县现有四条河流从 2002—2007 年全部为劣 Ⅴ 类，该县水环境中 COD 容量为 4 425.43t，某县畜禽养殖业产生的 COD 已经超过其水环境容量。

（三）畜禽粪便耕地负荷及分级

通过本研究的调查统计，2007 年某县畜禽粪便施入农田的量为 960 629t，年末耕地面积为 7.29 万 hm^2，则通过某县 2007 年耕地负荷为 13.18t/hm^2。

根据刘红艳（2007）对河北省畜禽粪便负荷与警报分级的研究，不同畜禽品种和不同区域特点会有所变化，但是一般认为每公顷土地能够负荷的畜禽粪便在 30～45t 左右，如果高出这一水平就会带来土壤的富营养化，对环境产生影响。本研究从环境风险的角度考虑，以最低限度 30 吨为最大理论适宜量，得出某县耕地负荷警报值 r 为 0.45，畜禽养殖业对环境稍有威胁。

四、某县规划的资源与环境承载力评估

（一）指标的选取

畜禽养殖业环境承载力指标可分为限制类指标和发展类指标。限制类指标：①地表水资源量，反映区域水环境对畜禽养殖业污染物的容纳能力；②年末实有耕地面积，反映区域土壤对畜禽养殖业污染物的消纳能力；③地下水资源量，考虑到天津市地下水资源贫乏且畜禽养殖业供水一般采用地下水的现状，该指标反映地下水资源对畜禽养殖业水资源的供给能力。

发展类指标：①牧业产值占农业总产值比重，反映一定时期内牧业生产总规模和总成果以及畜禽养殖业活动的发展强度在农业总规模中所占比重；②畜禽污染物的排放量一般采用排污系数法，而实际排污量与畜禽污染物的产生量、污染治理水平、还田率等指标有关。本文直接选取各类污染物的产生量间接反映畜禽养殖业活动对水环境以及土壤环境的冲击程度。

选择地表水资源量（亿 m^3）、地下水资源量（亿 m^3）、年末实有常用耕地面积（万 hm^2）、牧业产值占农业总产值比重（%）、COD 产生量（t）、TN 产生量（t）、TP 产生量（t）七项指标构成环境承载力指标体系。

（二）模型的选择

选择系统分析模型作为畜禽养殖业环境承载力评价模型，针对 n 个指标给出了不同年份的畜禽养殖业环境承载分量。假设此 m 个年份环境承载力为 B_j（$j=1，2，3，\cdots，m$），若 m 个年份畜禽养殖业环境承载力又由 n 个具体指标所确定的分量组成，即有：$B_j = (B_{1j}，B_{2j}，B_{3j}，\cdots，B_{nj})$。进行规格化处理后，有 $b_j = (b_{1j}，b_{2j}，b_{3j}，\cdots，b_{nj})$，其中：

$$b_j = B_{ij} \Big/ \sum_{j=1}^{m} B_{ij} \qquad ①$$

这样，第 j 个环境承载力的大小可以用归一化后的矢量的模来表示，即

$$|b_j| = \sqrt{\sum_{1}^{n} b_j^2} \qquad ②$$

式②即可评价 m 个年份中第 j 条件下畜禽养殖业环境承载

力的大小。

灰色数列预测是对某一指标的变化情况进行预测，其预测结果为该指标在未来某时刻的具体数值。数列预测的基础是基于累加生成数列的灰色系统基本模型——GM（1，1）模型。如果一个随机的数列 $\{x(0)(t)\}$（$t=1$，2，…，M）有所波动，其发展趋势无规律可循，然而对其进行一次累加生成处理，便可以使其随机性大大弱化，平稳程度大大增加。累加生成后的数列 $\{x(1)(t)\}$（$t=1$，2，…，M）的变化趋势可以近似用如下微分方程描述：

$$\frac{\mathrm{d}x^{(1)}}{\mathrm{d}t}+ax^{(1)}=u \qquad ③$$

在式③中，a 和 u 可以通过如下最小二乘法拟合得到：

$$\binom{a}{u}=(B^{T}B)^{-1}B^{T}Y_{M} \qquad ④$$

在式④中，Y_M 为列向量 $Y_M=[x^{(0)}(2)，x^{(0)}(3)，…，x^{(0)}(M)]^{T}$，$B$ 为构造数据矩阵：

$$B=\begin{bmatrix} -0.5[x^{(1)}(1)+x^{(1)}(2)] & 1 \\ -0.5[x^{(1)}(2)+x^{(1)}(3)] & 1 \\ L & L \\ -0.5[x^{(1)}(M-1)+x^{(1)}(M)] & 1 \end{bmatrix} \qquad ⑤$$

微分方程（1）所对应的时间响应函数为：

$$x^{(1)}(t+1)=[x^{(0)}(1)-u/a]\ exp\ (-at)+u/a \qquad ⑥$$

式⑦即数列预测的基础公式，由此式得到的一次累加生成数列的预测值 $\overline{X}(1)(t)$ 可以通过下式求得原始数列的还原值：

$$\overline{X}^{(0)}(t)=\overline{X}^{(1)}(t)-\overline{X}^{(1)}(t-1) \qquad ⑦$$

在预测公式⑦应用之前，还需通过精度检验。其检验指标有两个：一是标准差比，$c=s2/s1$；二是小误差频率 $P\{|\varepsilon^{(0)}(t)-\varepsilon^{(0)}|<0.674\ 5s_1$。其中 $s1$ 为原始数据数列方差的平方根值，$s2$ 为预测所得的还原值与其原始数据之间的残差值，$\varepsilon^{(0)}(t)$

为方差的平方根值，其中 $\varepsilon^{(0)}(t) = x^{(0)}(t) - \overline{X}^{(0)}(t)$。

（三）各指标的量化

《某县统计年鉴 2003—2007 年》中连续五年的数据作为原始数据，详见表 8-28。

表 8-28　某县畜禽养殖业基础数据

年份	2002	2003	2004	2005	2007	2010
猪存栏量（万头）	41.95	45.57	40.25	27.91	22.73	47
牛存栏量（万头）	10.81	12.22	10.55	10.77	7.72	19
禽存栏量（万只）	757.88	795.93	832.17	580.99	542.32	1 000
牧业产值占农业总产值比重（%）	32.9%	38.7%	38.7%	33.87%	35.1%	70%
地表水资源总量（亿 m^3）	1.32	1.35	1.29	1.25	1.28	2.20
地下水资源总量（亿 m^3）	1.54	1.75	1.71	1.50	1.51	1.74
年末实有常用耕地面积（万 hm^2）	7.73	7.35	7.34	7.33	7.29	7.29

（四）计算结果

通过数据统计与分析，得出畜禽养殖业环境承载力评价体系基本数据，详见表 8-29。

COD、TN、TP 产生量越大对环境可能造成的影响越大，环境承载力越低。因此，COD、TN、TP 三个指标承载力分量的计算应取倒数。由规格化公式①、②和表 6-3 计算出不同年份某县畜禽养殖业环境承载力分量及综合值（表 8-30）。

2002—2007 年及在《某县畜牧业"十一五"发展规划》实施情况下 2010 年份的畜禽养殖业环境承载力综合值均高于警戒值，仅 2007 年低于适宜值。说明某县养殖环境承载力总体水平较低，在规划方案的实施过程中应采取措施大力提高环境承载力。

表 8 - 29　某县畜禽养殖业评价体系基本数据表

指标	2002 年	2003 年	2004 年	2005 年	2007 年	2010 年规划	适宜值	警戒值
牧业产值占农业总产值比重（%）	32.90%	38.70%	38.70%	33.87%	35.10%	70%	70%	32.90%
地表水资源量（亿 m³）	1.32	1.35	1.29	1.25	1.28	2.2	2.2	1.19
地下水资源量（亿 m³）	1.54	1.75	1.71	1.5	1.51	1.74	1.74	1.54
年末实有常用耕地面积（万 hm²）	7.73	7.35	7.34	7.33	7.29	7.47	7.47	7.47
COD 产生量（t）	85 195.14	92 824.828	93 074.931	74 057.44	70 910.453	128 255.24	54 780.97	91 134.934
TN 产生量（t）	3 997.702	4 353.781 7	4 328.883	3 408.291 7	2 803.792	5 891.903	3 491.074 7	5 818.457 7
TP 产生量（t）	12 251.77	13 519.773	12 730.055	10 948.849	8 509.778 8	19 078.778	9 273.453 7	15 439.089

表 8 - 30　某县不同年份畜禽养殖业环境承载力分量及综合值

指标分量	2002 年	2003 年	2004 年	2005 年	2007 年	2010 年规划值	适宜值	警戒值
牧业产值占农业总产值比重	0.099	0.117	0.117	0.102	0.107	0.181	0.181	0.099
地表水资源量	0.109	0.112	0.107	0.103	0.107	0.182	0.182	0.099
地下水资源量	0.120	0.129	0.125	0.117	0.118	0.137	0.137	0.120
年末实有常用耕地面积	0.132	0.125	0.125	0.124	0.124	0.124	0.124	0.124
COD 产生量	0.155	0.142	0.142	0.178	0.217	0.103	0.041	0.024
TN 产生量	0.170	0.147	0.148	0.188	0.229	0.109	0.012	0.007
TP 产生量	0.143	0.129	0.137	0.170	0.205	0.092	0.084	0.050
综合值	0.352	0.342	0.342	0.378	0.439	0.371	0.424	0.279

（五）环境承载力预测值

采用数列预测模型得出方程：$x^{(1)}(t+1) = -10.520\,76\,exp(-0.032\,187k) + 10.821\,76$。该方程的检验指标 c 值为 0.417，表现为合格；P 值为 100%，表现为好。说明此方程预测精度较好。

采用上述预测方程对规划未实施（即"零方案"）时各年份的环境承载力进行预测。在"零方案"的情况下，采用数列预测模型对零方案下 2007—2010 年某县畜禽养殖业环境承载力进行模拟预测，见图 8-2。预测结果表明在零方案下环境承载力呈逐年增加的趋势，且高于 2010 年规划环境承载力。因此，规划方案的实施在一定程度上降低了环境承载力。考虑到 2010 年规划环境承载力仍高于警戒线，总体上，规划方案可行。但是规划实施的过程中应采取控制养殖规模、粪污综合利用等措施提高环境承载力。

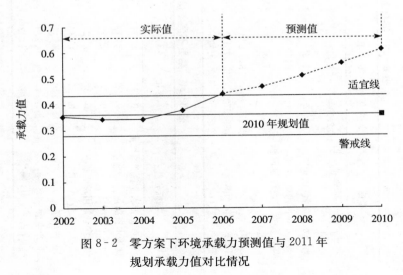

图 8-2　零方案下环境承载力预测值与 2011 年
规划承载力值对比情况

（六）结论

1. 采用数列预测模型对 2007—2010 年某县畜禽养殖业环境承载力进行模拟，结果表明灰色理论具有较好的预测效果，可适用于畜禽养殖业环境承载力预测。

2. 选取某县牧业产值占农业总产值比重、地表水资源量、地下水资源量、年末实有常用耕地面积、COD 产生量、TN 产生量和 TP 产生量七项指标构成畜禽养殖业环境承载力评价指标体系，建立系统分析模型，结果表明零方案下 2007—2010 年某县养殖环境承载力总体呈增加趋势，高于 2010 年规划环境承载力，规划方案的实施在一定程度上降低了环境承载力。考虑到 2010 年规划环境承载力仍高于警戒线，因此，综合考虑，《某县畜牧业"十一五"发展规划》从环境承载力角度而言具备可行性。

第四节　某县畜禽养殖业环保措施

一、某县畜禽养殖业环境保护现状概述

目前，某县除奶牛外整体规模化养殖水平偏低，且规模化养殖场（小区）又以中小规模居多，农户散养数量还是占多数。加之选址不合理，多数距离村庄只有几米到几十米，有的养殖户甚至就在自家庭院内进行养殖，造成严重的污染问题。要解决这一问题，需要在畜禽养殖业规划中逐步提高规模化养殖场的数量和比列，并且合理布局，使养殖场与居住区和水源地距离大于安全防护距离。

在技术措施层面，某县畜禽养殖业环境保护措施还较为落后。主要的措施是采用了干清粪方式收集粪便，这些粪便一半外售，另一半粪便和几乎全部污水基本没有经过处理就直接施用于

农田或排放到环境中。

某县畜禽养殖业清粪方式比例见下表：

表 8-31　某县畜禽养殖业清粪方式比例　　　单位:%

畜禽种类	干清	水冲	垫料垫草
生猪	79.65	17.94	2.41
奶牛	98.35	0.26	1.29
肉牛	97.35	0.84	1.81
蛋鸡	89.55	0.04	10.41
肉鸡	92.81	0.00	7.19
养殖专业户	86.96	0.43	12.61
养殖场	99.12	0.87	0.01
养殖小区	100.00	0.00	0.00
平均	99.83	0.16	0.01

某县 80% 的生猪养殖、90% 的蛋鸡、肉鸡养殖和几乎全部的奶牛、肉牛养殖采用了干清粪工艺，有利于后续粪便、污水处理。但由于大部分畜禽养殖业为养殖专业户，规模小、资金少，几乎没有后续环保措施。

表 8-32　某县畜禽养殖业粪便处理措施比例

粪便处理方式（%）	养殖专业户	养殖场	养殖小区	合计
施入农田	52.5	33.1	91	56.5
生产沼气	1.4	3.4	0	1.44
有机肥	0.62	0	0	0.43
种植蘑菇	0	0	0	0
销售	45.5	63.5	8.9	41.6
其他	0.017	0	0	0.001

粪便中约一半只是经过简单的贮存堆放（期间会发生部分厌氧发酵）后，就直接施用于农田，剩余粪便由专业的农户收购运至寿光地区。粪便直接还田容易造成土壤 N、P 含量过高及重金

属污染，还会污染地表水、地下水，产生恶臭及造成病菌传播。我国《畜禽养殖业污染防治管理办法》明文规定：用于直接还田利用的畜禽粪便，应当经处理达到规定的无害化标准，防止病菌传播。今后要提高畜禽粪便的处理率，粪便施用于农田前必须经过无害化处理。外售一方面处理了本地区过量的粪便，避免了粪便污染环境，另一方面产生了良好的经济效益。

表 8 - 33　某县畜禽养殖业污水处理措施比例

项目		养殖专业户	养殖场	养殖小区	合计
污水处理利用率（%）	灌溉农田	77.4	73.4	50.1	76.9
	排入鱼塘	1.1	0	0	1.03
	好氧处理	0.02	0	0	0.002 2
	厌氧处理	3.5	0.2	0	3.3
	沉淀	14.0	0	0	13.3
	氧化塘	3.6	26.4	49.9	5.1
	其他	0.38	0	0	0.36
污水产生排放率（%）	污水利用	44.1	19.3	47.0	42
	污水排放量	55.9	80.7	53.0	58

本县畜禽养殖业产生的废水基本没有经过处理就直接排放。其中约 42% 直接灌溉农田，其余部分直接排放至农田沟渠，进入地表水。污水直接排放，不仅污染了水资源，而且污水中含有的病菌、高浓度有机物还造成病害、恶臭等二次污染。某县今后应当严格按照畜禽业法律法规执法，确保畜禽养殖场废水全部处理、达标排放。

总体来说，由于某县畜禽养殖业以养殖专业户为主，规模小，资金、技术力量薄弱，环境保护成本高，采取的环境保护措施极为有限。针对这一问题，政府部分应加大对畜禽养殖业的政策、资金扶持力度，提高畜禽养殖业的规模化、集约化水平，降低环保成本。①经济目标：在现有经济效益的基础上，增加畜禽养殖业农民收入。到 2010 年，全县年生猪存栏 47 万头，家禽存栏 1 000 万只，存栏牛 19 万头。实现肉、蛋、奶总产量分别达到 13 万 t、12 万 t 和 23 万 t。畜牧业总产值 15 亿元。②环境目标：合理布局养殖区域，减少污染，有利人类和畜禽的健康，确保畜禽养殖业持续健康快速发展。

从总体目标制定来看，基本上体现了畜禽养殖业合理利用，主要目标是提高经济效益，并重视与其他行业的协调发展，提高生态环境质量。

二、某县"十一五"发展规划环境保护对策与建议

（一）合理规划

1. 农牧结合、种养平衡　根据农牧结合、种养平衡的原则，结合某县的资源、环境背景现状与特征，合理规划，根据当地的消纳粪便能力，确定某县的畜禽养殖业的养殖规模，实现农牧结合、种养平衡，使畜禽粪便能够最大限度地在农业生产中得到利用。

2. 对于无相应消纳土地的养殖场，必须配套建立具有相应加工（处理）能力的粪便污水处理设施或处理（置）机制。

3. 畜禽养殖场的设置应符合区域污染物排放总量控制要求。

（二）科学布局

科学布局从区域发展布局上防治污染，在选址上尽量把畜禽养殖场设在人少地多之处，以便粪尿污水能够就近还田。在厂区布局上，考虑分区管理以利于对畜禽污染物进行下一步处理处置。

1. 禁止在下列区域内建设畜禽养殖场：生活饮用水水源保护区、风景名胜区、自然保护区的核心区及缓冲区；城市和城镇

居民区，包括文教科研区、医疗区、商业区、工业区、游览区等人口集中地区；县级人民政府依法划定的禁养区域；国家或地方法律、法规规定需特殊保护的其他区域。

2. 新建、改建、扩建的畜禽养殖场选址应避开规定的禁建区域，在禁建区域附近建设的，应设在规定的禁建区域常年主导风向的下风向或侧风向处，场界与禁建区域边界的最小距离不得小于 500m。

3. 新建、改建、扩建的畜禽养殖场应实现生产区、生活管理区的隔离，粪便污水处理设施和禽畜尸体焚烧炉，应设在养殖场的生产区、生活管理区的常年主导风向的下风向或侧风向处。

（三）推行环境保护与清洁生产制度

有效的监督机制对执行环境法规有着重要的作用。鼓励畜禽养殖场、养殖小区采用先进养殖方式实施规模化养殖，实行污染物零排放或者排放量小的生态养殖方式（例如自然养猪法等）。新建、改建、扩建畜禽养殖场要进行环境评价，要有"三同时"措施。

对畜禽养殖业污染的控制，则需要源头控制的监督体系和相应机制。而目前缺乏源头控制的监督体系和相应的奖惩措施，对农民和农村农资供销专业户不规范生产、经营行为缺乏指导和监督。为此应依托流域内管理部门和农村农业技术推广体系，建立源头控制的监督机制和体系。通过市、地方、农户共同投资方式，试行限定性农业生产技术标准，鼓励和推动环境友好的替代技术和限定性农业生产技术标准的广泛应用，对造成严重环境的不规范生产行为实施相应的惩罚措施。

严格饲料质量控制，推行清洁生产，从源头减少氨气、甲烷及氮磷污染物排放。通过科学配制饲料、改变饲喂方式等减少畜禽排泄物中的氮、磷等有机营养元素的含量，提高营养元素的利用率。

（四）畜禽养殖业环境保护工程技术措施

1. 清粪工艺　规模化养殖主要清粪工艺有三种：水冲式、水泡粪和干清粪工艺。水冲式、水泡粪清粪工艺，耗水量大，并且排出的污水和粪尿混合在一起，给后处理带来很大困难，而且固液分离后的干物质肥料价值大大降低，粪中的大部分可溶性有机物进入液体，使得液体部分的浓度很高，增加了处理难度。采取干清粪方式清理畜禽养殖场，可以减少污水产生量，减轻后续废水处理难度，降低饲养成本，提高畜禽粪便有机肥效，从而节约用水、保护环境。现有采用水冲粪、水泡粪清粪工艺的养殖场，应逐步改为干法清粪工艺。

2. 粪便处理工程　当前畜禽粪便处理的主要方法有土壤直接处理、干燥处理、堆肥处理和沼气发酵。

（1）土壤直接处理　土壤直接处理是把畜禽场的固体污物贮存在粪池中，直接用于土地作底肥，使其在土壤微生物作用下氧化分解。此法方便简单，多为农村散养户采用。但粪便中的病菌、硝酸盐含量高，极易造成土壤、地表水、地下水等二次污染，我国畜禽业法律法规明确禁止未经无害化处理的粪便直接施用于农田。

（2）干燥处理技术　干燥处理即利用能量（热能、太阳能、风能等）对粪便进行处理，减少粪便中的水分并达到除臭和灭菌的效果。此法多用于对鸡粪的处理，干燥处理后生产有机肥。

（3）堆肥工程　将畜禽粪便等有机固体废物集中堆放并在微生物作用下使有机物发生生物降解，形成一种类似腐殖质土壤的物质过程。堆肥是我国民间处理养殖场粪便的传统方法，也是国内采用最多的固体粪便净化处理技术，分为自然堆肥和现代堆肥两种类型。贮存在粪池中粪便，也会进行一部分自然厌氧发酵。

（4）沼气工程　沼气是利用畜禽粪便在密闭的环境中，通过微生物的强烈活动将氧耗尽，形成严格厌氧状态，因而适宜产甲烷菌的生存与活动，最终生成可燃性气体。

不同粪便处理技术各有优缺点，畜禽养殖场应当结合自身具体情况，选择最适合的处理方式。根据实际情况，在一定范围内成立专业的有机肥生产中心，在农村大量用肥季节，养殖场通过各自分散堆肥处理直接还田；在用肥淡季，有机肥生产中心可将附近养殖场多余的粪便收集起来，集中进行好氧堆肥发酵干燥（尤其是现代堆肥法）制作优质复合肥。

3. 废水处理工程　畜禽养殖业废水处理有还田利用、自然生物处理、好氧、厌氧及联合处理和沼气生态工程。沼气技术将在后面单独论述。

（1）还田利用　畜禽废水还田作肥料是一种传统、经济有效的处置方法，不仅能有效处理畜禽废弃物，还能将其中有用营养成分循环利用于土壤—植物生态系统，使畜禽废水不排往外环境，达到污染物的零排放，大多数小规模畜禽场采用此法。

（2）自然生物处理法　自然生物处理法是利用天然水体、土壤和生物的物理、化学与生物的综合作用来净化污水。其净化机理主要有过滤、截流、沉淀、物理和化学吸附、化学分解、生物氧化及生物吸收等。此法适宜周围有大量滩涂、池塘畜禽场采用。

（3）好氧处理法　利用好氧微生物的代谢活动来处理废水，在好养条件下，有机物最终氧化为水和二氧化碳，部分有机物被微生物同化产生新的微生物细胞。此法有机物去除率高，出水水质好，但是运行能耗过高，适宜对污染物负荷不高的污水进行处理。

（4）厌氧处理法　在无氧条件下，利用兼性菌和厌氧菌分解有机物，最终产物是以甲烷为主体的可燃性气体（沼气）。厌氧法可以处理高有机物负荷污水，能够得到清洁能源沼气，但是有机物去除率低，出水不能达标。

（5）厌氧—好氧联合处理　联合两种生物处理方式，厌氧污泥床（UASB）＋生物接触氧化或活性污泥法＋氧化塘，提高废水处理效率。投资少，运行费用低，净化效果好，综合效益高。出水灌溉、养殖或达标排入地表水，产生的沼气作为能源

综合来看，直接还田和自然生物处理法所需投资、运行费用低，适宜养殖规模小且有大量土地、滩涂、池塘地区采用，但须注意土壤及地表水、地下水污染。而大中型规模养殖场区污水产生量大、污染物浓度高，须根据不同条件采用厌氧、好氧或者联合处理工艺才能使污水处理达标。各养殖场要根据自身的项目特点和环境特征来因地制宜的选择适宜的废水处理技术。

4. 粪污处理的推荐模式　规模化养殖场粪污的处理，目前多采用以生物处理为主的方法加以处理，其中以沼气处理技术为核心的处理模式，由于其所具有的处理技术过程符合生态学规律，运行成本相对较低，且能产生清洁能源——沼气，使粪便、废水水实现资源化利用，成为很多规模化养殖场处理污染物的首选工艺。

根据养殖规模、资源量、污水排放标准、投资规模和环境容量等条件，畜禽养殖场沼气项目可从以下三种模式因地制宜的选用。

三种类型的工艺流程如下：

不同规模的养殖场应结合自身具体情况，选择不同处理工艺。一般来说，规模较小的养殖场，当地有较大的能源需求，周围有足够的土地可供沼液和沼渣的综合利用，宜选择模式Ⅰ；能源需求不大，配套土地面积较小时宜选择模式Ⅱ。规模在 10 000 头甚至更大的养殖场，能源需求不高且沼液和沼渣无法进行土地消纳，废水必须经处理后达标排放或回用适宜选用处理模式Ⅲ。

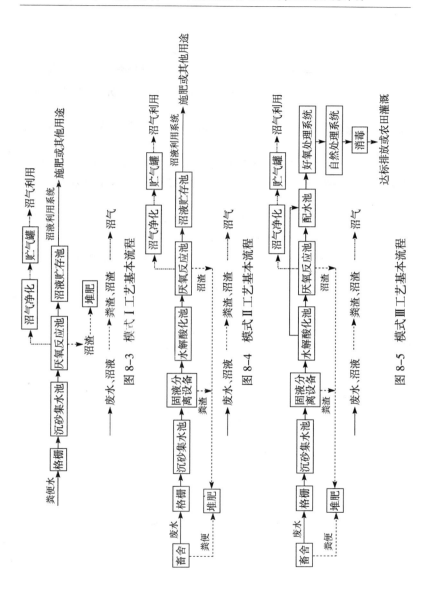

图 8-3 模式Ⅰ工艺基本流程

图 8-4 模式Ⅱ工艺基本流程

图 8-5 模式Ⅲ工艺基本流程

参 考 文 献

陈晓玲.2010.畜禽养殖场污染治理沼气技术循环模式探析.现代农业科技
　　(7) 311－311.

国家环境保护总局.2009.畜禽养殖业污染治理工程技术规范.
　　HJ 497—2009.

国家环境保护总局.2001.畜禽养殖业污染防治技术规范.HJ/T 81—2001.

李淑芹,胡玖坤.2003.畜禽粪便污染及治理技术.可再生能源(1):
　　21-23.

卢洪秀,程杰,江立方.2010.畜禽粪便污染治理现状及发展趋势//2010
　　年家畜环境与生态学术研讨会论文集:319-324.

张绪美.2009.中国畜禽养殖及其粪便污染与治理现状.环境科学与管理,
　　34 (12):34-39.

图书在版编目（CIP）数据

畜禽养殖业规划环境影响评价方法与实践/程波主编
—北京：中国农业出版社，2011.10
ISBN 978-7-109-16148-1

Ⅰ.①畜…　Ⅱ.①程…　Ⅲ.①畜禽—养殖业—环境规
划　Ⅳ.①X322

中国版本图书馆 CIP 数据核字（2011）第 202869 号

中国农业出版社出版
（北京市朝阳区农展馆北路 2 号）
（邮政编码 100125）
责任编辑　颜景辰

北京中兴印刷有限公司印刷　新华书店北京发行所发行
2012 年 1 月第 1 版　2012 年 1 月北京第 1 次印刷

开本：850mm×1168mm 1/32　印张：6.25
字数：151 千字　印数：1～2 000 册
定价：30.00 元
（凡本版图书出现印刷、装订错误，请向出版社发行部调换）